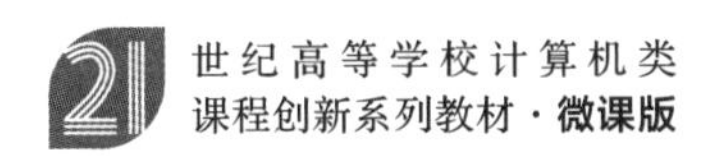

C语言程序设计层次化实例教程

微课视频版

孙 霞　冯 筠　张 敏　王小凤 / 编著

清华大学出版社
北京

内容简介

本书为以C语言作为入门的程序设计类课程编写的教材。本书采用“分层案例剖析”的编写方式，深入浅出地讲解了程序设计的基本知识，使读者循序渐进地掌握C语言的编程方法和思想，提高读者掌握用计算机解决实际问题的能力。

本书先通过分析精心设计且浅显易懂的案例，详细介绍C语言的基本知识点，并在此基础上进一步加大难度，重点讲解复合数据类型——数组和结构体；接着通过大量函数程序案例引出模块化程序设计思想；最后介绍C语言中被初学者视为最难理解的内容——指针。在指针章节的内容编排上，选取多个循序渐进的程序实例阐明如何利用指针实现更高效的程序设计。

本书适合作为高等院校计算机、软件工程、电子信息类等专业程序设计基础的教材，也可作为有兴趣学习C语言程序设计的其他专业学生的教材，同时也适用于自学使用。

图书在版编目（CIP）数据

C语言程序设计层次化实例教程：微课视频版/孙霞等编著. —北京：清华大学出版社，2021.11
21世纪高等学校计算机类课程创新系列教材：微课版
ISBN 978-7-302-59072-9

Ⅰ. ①C… Ⅱ. ①孙… Ⅲ. ①C语言 – 程序设计 – 高等学校 – 教材 Ⅳ. ①TP312

中国版本图书馆CIP数据核字（2021）第185498号

责任编辑：黄 芝 李 燕
封面设计：刘 键
责任校对：徐俊伟
责任印制：朱雨萌

出版发行：清华大学出版社
网 址：http://www.tup.com.cn，http://www.wqbook.com
地 址：北京清华大学学研大厦A座 邮 编：100084
社 总 机：010-62770175 邮 购：010-83470235
投稿与读者服务：010-62776969，c-service@tup.tsinghua.edu.cn
质量反馈：010-62772015，zhiliang@tup.tsinghua.edu.cn
课件下载：http://www.tup.com.cn，010-83470236
印 装 者：三河市君旺印务有限公司
经 销：全国新华书店
开 本：185mm×260mm **印 张**：13.5 **字 数**：321千字
版 次：2021年11月第1版 **印 次**：2021年11月第1次印刷
印 数：1～1500
定 价：39.80元

产品编号：092519-01

前　言

C 语言是国内外广泛学习和使用的一种计算机语言，它功能丰富、表达力强、使用灵活方便、应用面广；既具有高级语言的特点，又具有低级语言的特点，适合作为系统描述语言；不仅可以用来编写系统软件，还可以用来编写应用软件。因此，我国很多高等院校的理工科都以 C 语言作为入门编程语言开设了“程序设计基础”课程，这使得 C 语言教材的需求量巨大。

“程序设计基础”是一门实践性较强的课程，在我们以往的教学过程中，学生通常反映上课能听懂，但无法解决实际编程问题。而且，一个教学班的学生背景知识不同，理解能力不同，需要分层的教材编排模式，从而更好地适应千人千面的教学。因此亟需一种层次化、以实践为主的教材内容组织方式，突出知识与实践的关联性。基于这样的初衷，编写了本书。

全书共分为 6 个层次。层次 0（第 1、2 章）：计算思维与程序设计的基本流程。学习完层次 0，读者将了解数据在计算机内部的表示形式，理解程序的三种基本结构，通过背包实例初探计算思维的内涵，最后使读者进一步了解 C 语言的发展，以及以 Dev C++为例的编译环境的安装和使用。层次 1（第 3 章）：C 语言程序设计的基本语句，该层次重点介绍 C 语言程序的顺序结构、无嵌套的选择结构及无嵌套的简单循环结构。与以往教材不同的是，我们把多分支选择结构和有嵌套的循环结构编排在第 4 章讲解，即层次 2：C 语言程序设计的复杂语句。这样使得初学者不会一开始就陷入复杂的程序流程，从而对 C 语言产生畏难情绪。初学者对第 3 章的简单程序流程中的知识点熟练掌握后，再学习复杂程序流程就变得容易得多。层次 3（第 5 章）：C 语言程序设计的复合数据，经过这一层次的学习，读者将学会使用数组、结构体处理批量数据和复杂数据。层次 4（第 6 章）：C 语言的模块化程序设计，重点介绍模块化程序设计的思想和多源文件结构。层次 5（第 7 章）：利用指针实现更高效的程序设计，重点介绍指针的定义、使用方法和注意事项。

本书的组织方式以实践为主，突出知识与实践的关联性，注重内容在应用上的层次性，容易看懂，便于教学。全书提供了大量实例分析讲解，将重点和难点、知识点都融入精心设计的实例中，通过近 60 个典型实例的分析讲解，再利用 100 余道习题的练习与巩固，由浅至深，层层引导，让学生能够快速掌握 C 语言，提高编程实践能力。值得一提的是，在每个程序实例后面都设计了多个举一反三的小练笔。小练笔代码的详细讲解视频以二维码的形式呈现给读者，使学习者在有限的时间内学以致用，真正理解程序设计及其思想，读者可扫描封底刮刮卡内二维码，获得观看权限，再扫描书中二维码，即可观看视频。本书配套了作业系统，读者扫描封底刮刮卡，即可在线答题。

本书还配套了教学课件和源代码，读者可扫描右方二维码下载。

教学资源

本书第 1 章由西北大学冯筠老师编写，第 2～4 章由西北大学孙霞老师编写，第 5、6 章由西北大学张敏老师编写，第 7 章由西北大学王小凤老师编写。全书由孙霞老师完成修改及统稿。

在本书的编写过程中得到了西北大学的大力支持，特别是为本书出版提供经费资助的西北大学教学成果培育项目（高水平教材建设项目 XM05190141），在此表示衷心感谢。

由于编者水平有限，书中不当之处在所难免，欢迎广大同行和读者批评指正。

编　者

2021 年 5 月

目　录

※层次 0：计算思维与程序设计的基本流程

※层次 1：C 语言程序设计的基本语句

※层次 2：C 语言程序设计的复杂语句

※层次 3：C 语言程序设计的复合数据

※层次 4：C 语言的模块化程序设计

※层次 5：利用指针实现更高效的程序设计

※层次 0：计算思维与程序设计的基本流程

层次 0 目标

- 适合读者：零基础入门学习的读者。
- 层次学习目标：了解计算思维的内涵。
- 技能学习目标：学会用模块化思想，采用顺序、选择、循环结构实现简单问题的求解；掌握数据在计算机内存中的表示以及进制之间的转换；掌握 C 语言编译环境的安装和使用。

第 1 章　计算思维和程序设计思想

● 知识点和本章主要内容

20 年前，当一个小朋友有问题的时候，父母常常会指点他问老师或者查阅《十万个为什么》。如今，相信大家都会毫不犹豫地选择进入“搜索引擎”，从海量的互联网文库中轻松获取知识（如果你不知道什么是搜索引擎，想想百度、谷歌吧）。不知不觉，计算机和互联网已经走进千家万户，成为超越《十万个为什么》的家庭必备“百宝箱”！对于计算机来说，一切的任务都是计算机系统通过对信息的“存储”“传输”“计算”等步骤完成的。那么，计算机系统的各个模块是如何配合起来完成我们需要的功能的呢？计算机系统完成一个任务的基本思维方式是什么呢？本章将介绍什么是计算思维，数据在计算机中是如何表示的以及如何表示解决问题的思路。

1.1　计算思维的基本概念

计算思维是近几年国外提出的思维方式。与数学思维不同，计算思维是从计算机的角度“思考”，从而让我们更好地和计算机沟通，以便高效地处理很多生活中对人类来说较为困难、麻烦的事。

举个例子来说，一位老师找来三位同学，告诉他们一些数字，然后让学生们告诉他哪些是质数。第一个学生根据质数的理论开始了心算，简单的数字还可以应付，数字越大心算越困难（数学思维）；第二个学生也了解质数的理论，拿出了计算器，开始一个一个尝试，数字大点儿没关系了，但是速度也很慢（简单的计算思维）；第三个学生根据质数理论，花了很少的时间写了一段计算机程序代码，并告诉老师“您可以输入任何想要查看的数字，计算机会立即告诉你它们是不是质数”。这就是计算思维的一小部分，也是利用数学原理和计算机完成计算的典型实例。

严格地说，计算思维是运用计算机科学的基础概念进行问题求解、系统设计及人类行为理解等涵盖计算机科学之广度的一系列思维活动。达尔文曾下过一个定义：“科学就是整理事实，从中发现规律，得出结论”。一般来说，科学包含自然科学、社会科学和思维科学。思维是高级的心理活动形式，信息处理是思维的一种。

计算思维主要研究计算机对信息处理的方法，希望利用计算机帮助人脑完成或者加速完成信息处理的过程。研究表明，人脑对信息的处理包括分析、抽象、综合、概括。计算作为人类文明的开端，从最远古的手指计数到中国古代的算盘计算，再到近代西方的纳皮尔算筹及帕斯卡机械式计算机，直至当前的电子计算机的高速度计算，不管是计算方法还是计算工具都有了变革性的创新。因此，计算也作为一种思维方式存在，并成为人类科学思维的重要一员。从算盘到计算机的发展过程是计算思维内容不断拓展的过程。

人类通过思考自身的计算方式，研究是否能由外部机器模拟、代替我们实现计算的过程，从而诞生了计算工具，并且在不断的科技进步和发展中发明了现代电子计算机。在此思想的指引下，还产生了人工智能，用外部机器模仿和实现人类的智能活动。随着计算机的日益“强大”，它在很多应用领域中所表现出的智能也日益突出，成为人脑的延伸。与此同时，人类所制造出的计算机在不断强大和普及的过程中，反过来对人类的学习、工作和生活都产生了深远的影响，同时也大大增强了人类的思维能力和认识能力，这一点对于身处当下的人类而言都深有体会。

早在 1972 年，图灵奖得主 Edsger Dijkstra 就曾说：“我们所使用的工具影响着我们的思维方式和思维习惯，从而也深刻地影响着我们的思维能力”，这就是著名的“工具影响思维”的论点。计算思维就是相关学者在审视计算机科学所蕴含的思想和方法时被挖掘出来的，成为与理论思维、实验思维并肩的三种科学思维之一。计算思维是计算时代的产物，应当成为这个时代中每个人都具备的一种基本能力。

计算机是 20 世纪最伟大的发明之一。计算技术从简单到复杂，经历了漫长的发展过程，但最近 20 余年却取得了飞速的进展。这里面蕴含了其自身的规律性，值得深刻领悟。计算机及计算机网络的应用已使人类社会的各个领域都发生了翻天覆地的变化，计算和计算机的应用已经无处不在。信息作为继物质和能源之后的第三类资源，它的价值日益受到人们的重视。在 21 世纪，计算思维是每个人除阅读、写作和算术（Reading, wRiting and aRithmetic—3R）之外应掌握的另一项的基本技能。正如印刷出版促进了 3R 的普及，计算和计算机也以类似的正反馈促进了计算思维的传播。

在计算机渗透到社会各行各业的今天，每一名大学生都应该具有“获取信息、分析信息、加工信息”的基础知识和实际能力，每个人都应热心于计算思维的学习和应用。计算机作为一种工具，既然为人类所广泛使用，它必将对人类的思维产生影响。计算机赖以运行的思想和方法也将从后台进入前台，走进人类的生活，成为人类工作和生活的有力助手。未来，计算思维必将随着计算学科的发展而不断丰富和完善。

1.2 计算机的基本工作原理

要想了解计算思维，首先要大概知道计算机的工作原理。计算机系统由硬件（子）系统和软件（子）系统组成。前者是借助电、磁、光、机械等原理构成的各种物理部件的有机组合，是系统赖以工作的实体；后者是各种程序和文件，用于指挥全系统按指定的要求进行工作。硬件就是能看见的这些东西：主机、显示器、键盘、鼠标等，而软件是看不见的，存在于计算机内部的。打个比方，硬件就好比人类躯体，而软件就好比人类的思想，没有躯体，思想是无法存在的，但没有思想的躯体也只是一个植物人。一个正常人要完成一项工作，都是躯体在思想的支配下完成的。计算机与此相类似，没有主机等硬件，软件是无法存在的；而一个没有软件的计算机也只是一堆废铁。

现代计算机的硬件基本结构是由美藉匈牙利科学家冯·诺依曼于 1946 年提出的。迄今为止所有进行使用的电子计算机都是按冯·诺依曼提出的结构体系和工作原理设计制造的，故又统称为“冯·诺依曼型计算机”。其主要有如下三个要点。

（1）计算机硬件由运算器、控制器、存储器、输入设备和输出设备五大部分组成，如图 1-1 所示。

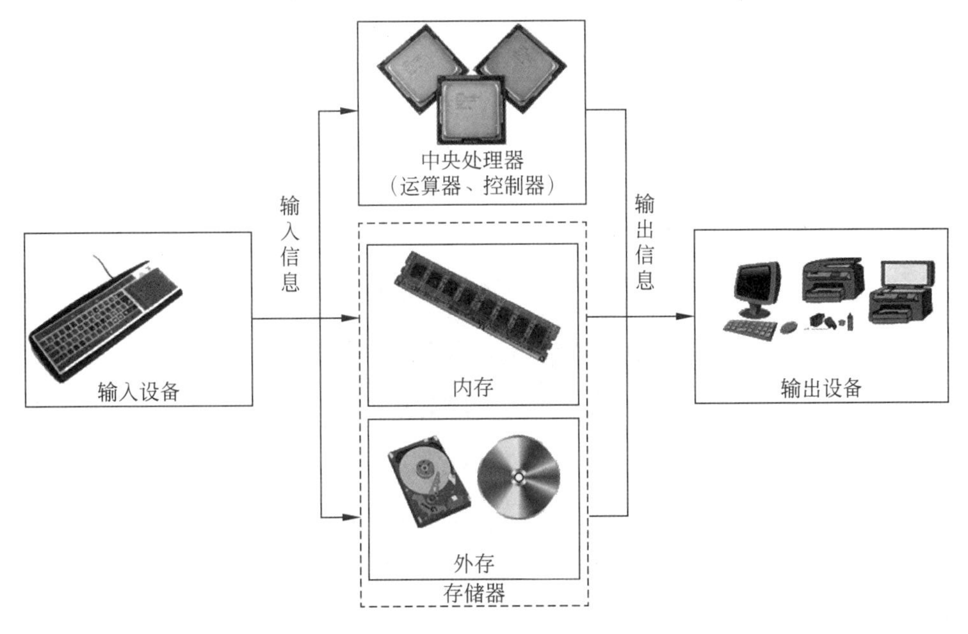

图 1-1　冯·诺依曼计算机工作原理图

- **运算器（arithmetic device）**：计算机中执行各种算术和逻辑运算操作的部件。运算器的基本操作包括加、减、乘、除四则运算，与、或、非、异或等逻辑操作，以及移位、比较和传送等操作，亦称算术逻辑部件（arithmetic and logic unit，ALU）。
- **控制器（control device）**：由程序计数器、指令寄存器、指令译码器、时序产生器和操作控制器组成，它是发布命令的“决策机构”，即完成协调和指挥整个计算机系统的操作。

运算器和控制器统称中央处理器（central processing unit，CPU），中央处理器是计算机的心脏。

- **存储器（memory）**：存储器分为内存和外存。内存是计算机的记忆部件，用于存放计算机运行中的原始数据、中间结果以及指示计算机工作的程序，有时也称为主存储器。内存包括随机存取存储器（random access memory，RAM）、只读存储器（read only memory，ROM），以及高速缓存（Cache）。RAM 既可以读取数据，也可以写入数据；但当机器电源关闭时，存于其中的数据就会丢失。ROM 在制造时，信息（数据或程序）就被存入并永久保存，只能读取，不能写入。即使机器停电，这些数据也不会丢失。ROM 一般用于存放计算机的基本程序和数据。Cache 位于 CPU 与内存之间，是一个读写速度比内存更快的存储器。外存就像纸质笔记本一样，用来存放一些需要长期保存的程序或数据，断电后也不会丢失，容量比较大，但存取速度慢，也称为辅助存储器。当计算机要执行外存里的程序、处理外存中的数据时，需要先把外存里的数据读入内存，然后中央处理器才能进行处理。常见的外存包括：硬盘（固定式或便携式）、光盘、U 盘等。

位（bit）是计算机内部数据存储的最小单位。每个 0 或 1 就是一位。内存地址是一个编号，如 1000，代表一个内存空间。通常用一字节（Byte）表示内存地址，这里 1Byte=8bit。在计算机中存储器的容量是以字节为基本单位的。32 位的操作系统最多支持 4GB 的内存空间，也就是说 CPU 只能寻址 2 的 32 次方（4GB），注意这里的 4GB 是以 Byte 为单位的，不是 bit。也就是说有 4GB=4×1024MB=4×1024×1024KB=4×1024×1024×1024bit，即 2 的 32 次方个 8bit 单位。

例如，经常可以在一些地方看到内存地址 0x0001，在另外一些地方内存地址又变成了 0x00000001。其实这两种地址表示的都是编号为 1 的内存地址，都是代表一个 8bit 的存储空间，如图 1-2 所示。

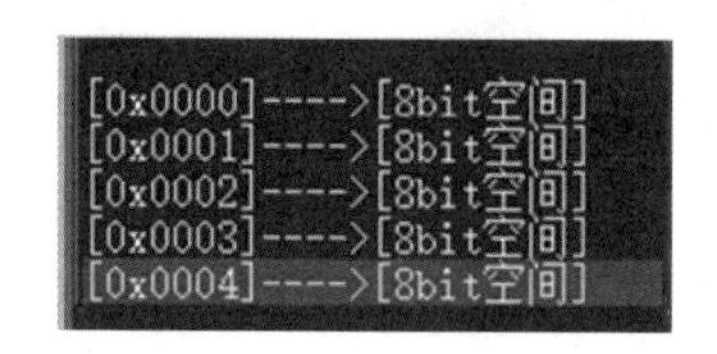

图 1-2　内存地址图

内存地址可表示为 1000H 或 100CH，其中的后缀 H 代表该内存地址为十六进制内存地址。内存地址单元在计算机内部也是以二进制表示的，但二进制数过长，不便于计算。故一般情况下都用十六进制表示，这样更快捷、高效。在代码中用数制后缀表示一个特定的值或存储单元，编译时，由编译器负责转换和计算。常用的数制后缀如下。

二进制：B（Binary）；

八进制：O（Octal），为了和 0 区别开，通常记为 Q；

十进制：D（Decimal），如果没有任何数制后缀，默认为十进制数；

十六进制：H（Hexadecimal）。

- **输入设备（input device）**：是向计算机输入数据和信息的设备，是计算机与用户或其他设备通信的桥梁。输入设备是用户和计算机系统之间进行信息交换的主要装置之一。键盘、鼠标、摄像头、扫描仪、光笔等都属于输入设备。
- **输出设备（output device）**：是计算机硬件系统的终端设备，用于接收计算机数据的输出显示、打印、声音等。也就是把各种计算结果数据或信息以数字、字符、图像、声音等形式表现出来。常见的输出设备有显示器、打印机等。

（2）计算机处理的数据和指令一律用二进制数表示。

计算机运行过程中，把要执行的程序和处理的数据以二进制的形式首先存入主存储器（内存）。日常生活中，人们使用十进制，这主要是因为人类有 10 个手指，可比较方便地表示 10 个数字。但是电子计算机的电子管只有两种基本状态——开和关，用来表示 10 种状态太过复杂，这种特性决定了以电子管为基础的计算机采用二进制来表示数字和数据。二进制使用 0 和 1 两个基本算符来表示数据，基数为 2，进位规则是“逢二进一”，借位规则是“借一当二”。二进制的常见运算包括加法运算、乘法运算、移位运算等。由于二进制的特殊性，减法和除法运算完全可以用加法、乘法和移位运算完成。

（3）一条指令的执行过程如图 1-3 所示，计算机执行程序时，先从内存中取出第一条二进制表示的指令，通过控制器对指令进行翻译，按指令的要求，从存储器中取出数据进

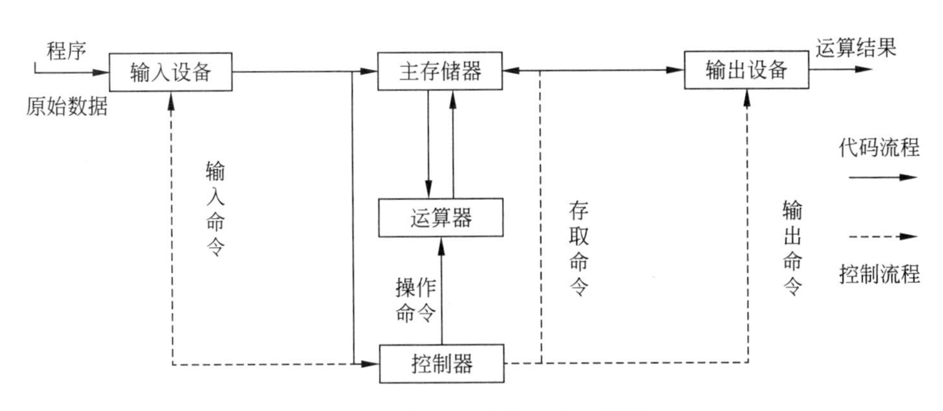

图 1-3　计算机程序执行过程简图

行指定的运算和逻辑操作等加工，然后再按地址把结果送到内存中。接下来，再取出第二条指令，在控制器的指挥下完成规定操作。依次进行下去，直至遇到停止指令。

1.3　数据在计算机内存中的表示

计算机处理的数据和指令一律用二进制数表示，然而日常生活中经常用到十进制数。为了让计算机能够处理十进制数，需要将十进制数转换成二进制数。实际上，C 语言中的整数除了十进制数，还可以使用二进制数、八进制数或十六进制数。下面将介绍各种进制以及进制之间的转换。

1.3.1　进制之间的互相转换

1．进制数

进制也就是进位计数制，是人为定义的带进位的计数方法。对于 X 进制，就表示每一位置上的数运算时都是逢 X 进一位。例如，二进制数是逢二进一，八进制数就是逢八进一，十进制数是逢十进一，以此类推，X 进制数就是逢 X 进一。

2．二进制

二进制是计算机中广泛采用的一种数制，二进制数是用 0 和 1 两个数字符号来表示的数，进位规则是“逢二进一”。

C 语言中，为了将其他进制数和十进制数区分开来，通常采用某种特殊的写法，具体来说，就是在数字前面加 0b 或 0B 前缀的数表示二进制数。如 0b101 表示的是一个二进制数，不是十进制数 101，二进制数 0b101 对应的是十进制数 5。

3．八进制

由于二进制数的基数较小，所以二进制数的书写和阅读不方便，为此引入了八进制数。八进制数由 0～7 八个数字组成，C 语言中，八进制数使用时必须以 0 开头（注意是数字 0，不是字母 o），如 015 是一个八进制数，其对应的十进制数是 13。

4．十六进制

十六进制由数字 0～9、字母 A～F 或 a～f（不区分大小写）组成，其中 A～F 表示 10～15，使用时以 0x 或 0X（不区分大小写）开头，这些称作十六进制数。如 0X2A 是一个十六进制数，其对应的十进制数是 42。

5．其他进制转换成十进制

进制由**基数**和**位权**组成，基数是指数制允许使用的基本数字符号的个数。如二进制的基数是2，八进制的基数是8，十进制的基数是10。位权是指每位上数字的权值的大小。权与该数位的位置有关，如十进制数4567从高位到低位的位权分别为10^3、10^2、10^1、10^0。二进制数 101，从高位到低位的位权分别为 2^2、2^1、2^0。任何一种数制的数都可以表示为按位权展开的多项式之和。如十进制数4567=$4\times10^3+5\times10^2+6\times10^1+7\times10^0$。下面举例介绍各种进制转换成十进制数的方法。

1）二进制数转十进制数

二进制数的位权表示为2^{n-1}、…、2^2、2^1、2^0。

二进制数101按权展开，即转成十进制数的结果如下：

$$(101)_2=1\times2^2+0\times2^1+1\times2^0=4+0+1=(5)_{10}$$

也就是说二进制数0b101转成十进制数的结果是5。

值得注意的是，对于一个8位（bit）的无符号二进制数，也就是一字节（byte），能表示的最大数是二进制数11111111，转成十进制数如下：

$$1\times2^7+1\times2^6+1\times2^5+1\times2^4+1\times2^3+1\times2^2+1\times2^1+1\times2^0=(255)_{10}=2^8-1$$

因此一字节的无符号整数的表示范围为0～255。

2）八进制数转十进制数

八进制数的位权表示为8^{n-1}、…、8^2、8^1、8^0。

如八进制数151转成十进制数的结果如下：

$$(151)_8=1\times8^2+5\times8^1+1\times8^0=64+40+1=(105)_{10}$$

3）十六进制数转十进制数

十六进制数的位权表示为16^{n-1}、…、16^2、16^1、16^0。

如十六进制数1F2A转成十进制数的结果如下：

$$(1F2A)_{16}=1\times16^3+15\times16^2+2\times16^1+10\times16^0=64+40+1=(7978)_{10}$$

6．十进制数转换成其他进制数

十进制数转换为其他进制数的方法可以称为“除基数取余，逆排序”法。具体转换过程是：将该十进制数连续除以要转换成的进制的基数，并从低到高记录余数，直至商为0。下面举例介绍十进制数转换成其他进制数的方法。

1）十进制数转二进制数

二进制数的基数是2，因此十进制数转二进制数的转换法为“除2取余，逆排序”法。以十进制数10为例，转成二进制数的具体过程如图1-4所示。

因此十进制数10转成二进制数的结果如下：

$$(10)_{10}=K_3\times2^3+K_2\times2^2+K_1\times2^1+K_0\times2^0$$
$$=(1010)_2$$

2 | 10
2 | 5　　余数 0=K_0
2 | 2　　余数 1=K_1
2 | 1　　余数 0=K_2
0　　余数 1=K_3

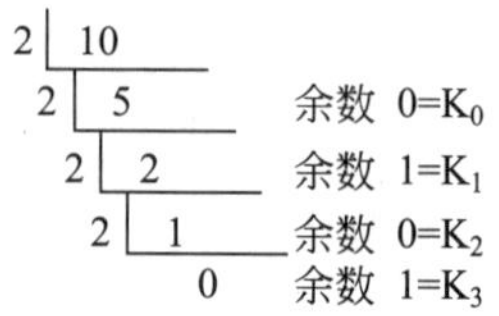

图1-4　十进制数转二进制数的计算过程

2）十进制数转八进制数

八进制数的基数是8，因此十进制数转八进制数的转换法为“除8取余，逆排序”法。以十进制数 76 为例，转成八进制数的具体过程如图 1-5 所示。

因此十进制数 76 转成八进制数的结果如下：

$$(76)_{10} = K_2 \times 8^2 + K_1 \times 8^1 + K_0 \times 8^0 = (114)_8$$

3）十进制数转十六进制数

十六进制数的基数是 16，因此十进制数转十六进制数的转换法为“除 16 取余，逆排序”法。以十进制数 76 为例，转成十六进制数的具体过程如图 1-6 所示。

```
8 | 76
  8 | 9      余数 4=K0
    8 | 1    余数 1=K1
        0    余数 1=K2
```

图 1-5　十进制数转八进制数的计算过程

```
16 | 76
   16 | 4    余数 12=K0
        0    余数 4=K1
```

图 1-6　十进制数转十六进制数的计算过程

因此十进制数 76 转成十六进制数的结果如下：

$$(76)_{10} = K_1 \times 16^1 + K_0 \times 16^0 = (4C)_{16}$$

7．八进制数与二进制数互相转换

1）二进制数转八进制数

八进制数的基数为 $8=2^3$，正好对应 3 位二进制数，因此八进制数可以理解为将二进制数的三位当作一位来表示。因此二进制数转八进制数只需要从低位到高位，将 3 位二进制数替换为对应的八进制数，不够 3 位时补 0。

如二进制数 0b11101010 转成八进制数为 0352（八进制数），转换过程如图 1-7 所示。

2）八进制数转二进制数

八进制数转二进制数也是一个道理，只需要将八进制数的每位拆解成 3 位二进制数即可。如将八进制数 0151 转成二进制数，其转换过程如图 1-8 所示。

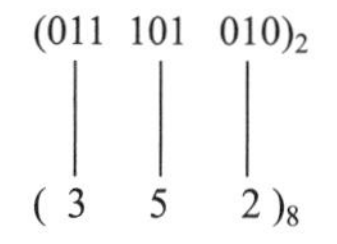

图 1-7　二进制数转八进制数的计算过程

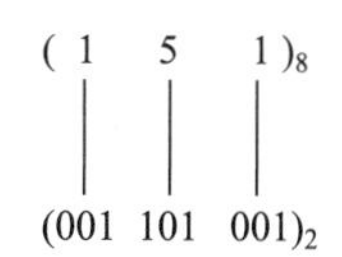

图 1-8　八进制数转二进制数的计算过程

因此最后转换得到的二进制数为 0b1101001。

8．十六进制数与二进制数互相转换

1）十六进制数转二进制数

十六进制数与八进制数类似，它是将二进制数的 4 位当作一位来表示，每位可以取的值为 0～F，其对应关系如表 1-1 所示。

表 1-1　进制对应表

十进制	0～9	10	11	12	13	14	15
二进制	0000~1001	1010	1011	1100	1101	1110	1111
十六进制	0～9	A	B	C	D	E	F

例如，将十六进制数 0X1C2E 转换为二进制数表示，如图 1-9 所示，即为 0X1C2E = 0b00011100 00101110 。

2）二进制数转十六进制数

将一个二进制数转换为十六进制数，只需要将每 4 位组合为一位，即可将一个二进制数转换为十六进制数，如 $(01101001)_B = (6A)_H$，转换过程如图 1-10 所示。

图 1-9　十六进制数转二进制数的计算过程　　图 1-10　二进制数转十六进制数的计算过程

1.3.2　整数在内存中的表示

整数是以二进制补码的表示方式存储在计算机内存中的，在了解补码之前，需要先知道机器数和真值的概念。

1. 机器数

机器数指的是一个数在计算机中的二进制表示形式。而区分一个正数或一个负数在计算机中的表示形式，就可以使用机器数的最高位来存放符号位进行区分，当其为 0 时表示为正数，为 1 时表示为负数。比如正整数+5，对于 8 位字长的机器而言，其机器数为 00000101。对于–5，其机器数为 10000101。

2. 真值

真值指的是有符号的机器数所表示的真正数值，比如上面机器数为 10000101 时，并不表示 133（二进制对应的十进制数），而表示的是一个负值。故 00000101 的真值= +000 0101 = +5，10000101 的真值= –000 0101 = –5。

3. 原码

原码就是符号位加上真值的绝对值，即原码的第一位为符号位，其余位表示值。比如对于 8 位的二进制数有 $[+1]_{原} = 0000\ 0001$，$[-1]_{原} = 1000\ 0001$，对于 8 位的二进制数，其原码可表示的范围为 $[11111111, 01111111]$，即 $[-127, 127]$。对于 n 位的二进制数，其原码可以表示的范围为 $\left[-(2^{n-1}-1), (2^{n-1}-1)\right]$。

4. 补码

正数的补码就是其原码的表示形式，而负数的补码，就是在其原码的基础之上，符号位不改变，将剩余的位取反再加 1。例如，对于 8 位的二进制数有 $[+1]_{补} = 0000\ 0001$，$[-1]_{补} = 11111111$，对于 8 位二进制数，其补码可表示的范围为 $[1000\ 0000, 01111111]$，即 $[-128, 127]$。对于 n 位二进制数而言，其补码可以表示的范围为 $\left[-2^{n-1}, \left(2^{n-1}-1\right)\right]$。

1.3.3　实数在内存中的表示

1. 实数

C 语言中的实数也称为浮点数。在 C 语言中，实数有两种形式：十进制数形式和指数形式。

为什么在 C 语言中把实数称为浮点数呢？在 C 语言中，实数是以**指数形式**存放在存储单元中的。一个实数表示为指数可以有不止一种形式。

如 3.141 可以表示为 3.141×10^{0}、0.3141×10^{1}、31.41×10^{-1} 等，它们都代表同一个值。可以发现小数点的位置是可以在 3141 几个数字之间浮动的，因此不管小数点位置在哪，只要改变指数的值，就可以保证它的值不会改变。由于小数点位置可以浮动，所以实数也称为浮点数。

2．规范化的指数形式

浮点数的指数形式有多种表示，其中把小数部分中小数点前的数字为 0、小数点后第 1 位数字不为 0 的表示形式称为**规范化的指数形式**。如 0.3141×10^{1} 就是 3.141 的规范化的指数形式。

3．实数在计算机中的表示

前面讲述了整数在计算机中的表示形式，那么实数在计算机中又该如何表示呢？

C 语言中，实数类型包括 float 型（单精度实型）、double 型（双精度实型）、long double 型（长双精度实型）。

1）float 型

编译系统为每个 float 型变量分配 4 字节，数值以规范化的二进制指数形式存放在存储单元中。在存储时，系统将实型数据分成小数部分和指数部分，分别存放。

通常，C 语言中用 24 位表示小数部分（包括符号），用 8 位表示指数部分（包括指数的符号）。由于用二进制形式表示一个实数以及存储单元的长度是有限的，因此不可能得到完全精确的值，只能存储成有限的精确度。

因此，小数部分占的位（bit）数越多，精度也就越高。指数部分占的位数越多，能表示的数值范围就越大。

所以 float 型数据能得到 6 位有效数字，数值范围为 $-3.4\times2^{-38}\sim3.4\times2^{38}$。

2）double 型

为了扩大能表示的数值范围，用 8 字节存储一个 double 型数据，可以得到 15 位有效数字，数值范围为 $-1.7\times2^{-308}\sim1.7\times2^{308}$。

要注意的是，在 C 语言中进行浮点数的算术运算时，都会将 float 型数据自动转换为 double 型，然后再进行运算。

3）long double 型

不同的编译系统对 long double 型的处理方法不同，Turbo C 对 long double 型分配 16 字节。而 Visual C++ 6.0 则对 long double 型和 double 型一样处理，分配 8 字节。

实型数据的有关情况如表 1-2 所示。

表 1-2　实数类型的取值范围

类　型	字　节　数	有效数字	取值范围
float	4	6	0 及 $-1.2\times2^{-38}\sim3.4\times2^{38}$
double	8	15	0 及 $-2.3\times2^{-308}\sim1.7\times2^{308}$
long double	8	15	0 及 $-2.3\times2^{-308}\sim1.7\times2^{308}$
	16	19	0 及 $-3.4\times2^{-4932}\sim1.1\times2^{4932}$

1.4　三种程序结构的表示

计算机中，程序主要包括三种基本结构：顺序结构、选择结构及循环结构。任何简单或复杂的算法都可以由顺序结构、选择结构和循环结构这三种基本结构组合而成。程序的结构可以用流程图来表示。因此在介绍三种基本的程序结构前，先介绍程序的流程图。

1.4.1　流程图

流程图是算法的图形表示法，它用图的形式掩盖了算法的所有细节，只显示算法从开始到结束的整个流程。常见的流程图有普通流程图和 N-S 盒图两种形式。

1．流程图组成部分

普通流程图主要由以下五部分组成，如图 1-11 所示。起止框表示流程的开始或者结束。输入输出框表示算法执行过程中需要的输入或输出内容。判断框则是判断一种情况是否满足要求条件。处理框表示算法对数据进行了一定的操作。流程线表示算法处理的流转方向。

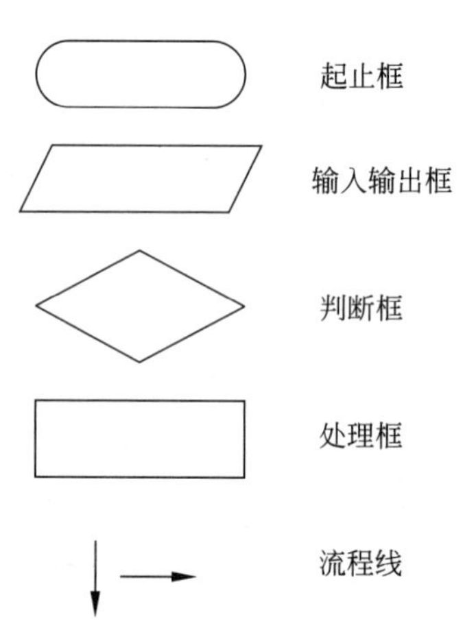

图 1-11　流程图的组成部分

2．N-S 盒图

1972 年，美国学者 I. Nassi 和 B. Shneiderman 提出在流程图中完全去除流程线，并将全部算法写在一个矩形框中，在框中还可以包含其他框的流程图形式。这种流程图就叫作 N-S 盒图，主要包括顺序结构、选择结构和循环结构，分别如图 1-12～图 1-14 所示。

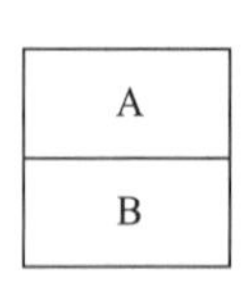

图 1-12　N-S 盒图顺序结构

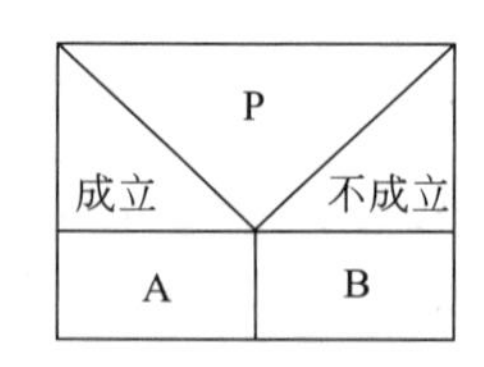

图 1-13　N-S 盒图选择结构

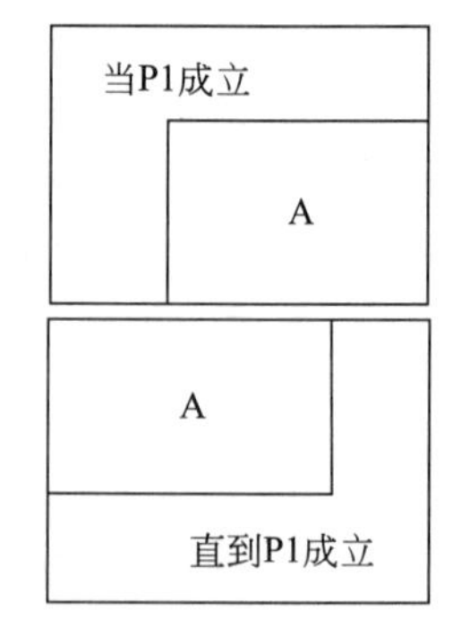

图 1-14　N-S 盒图循环结构

1.4.2　基本程序结构

1966 年，Bohra 和 Jacopini 提出了 3 种程序基本结构，即顺序结构、选择结构和循环结构，用这 3 种基本结构作为表示一个良好算法的基本单元。这 3 种基本结构顺序组成的算法结构可以解决任何复杂的问题。下面分别介绍程序的 3 种基本结构。

1. 顺序结构

顺序结构如图 1-15 所示，虚线框内是一个顺序结构。其中 A 和 B 两个框是顺序执行的。即在执行完 A 框所指定的操作后，必然接着执行 B 框所指定的操作。顺序结构是最简单的一种基本结构。

2. 选择结构

选择结构又称选取结构或分支结构，如图 1-16 所示，虚线框内是一个选择结构。此结构中必包含一个判断框，根据给定的条件 p 是否成立而选择执行 A 框或 B 框。如图 1-16 所示，当条件成立时，执行 A 框操作；条件不成立，执行 B 框操作。这里的条件可以是 x≥0 或 x>y 等表达式。

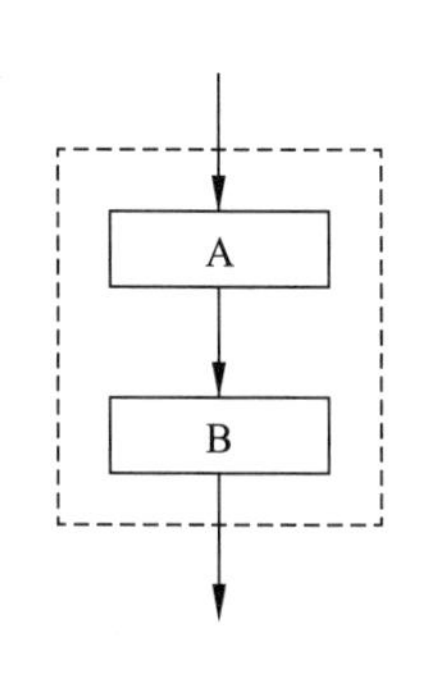

图 1-15　顺序结构流程图

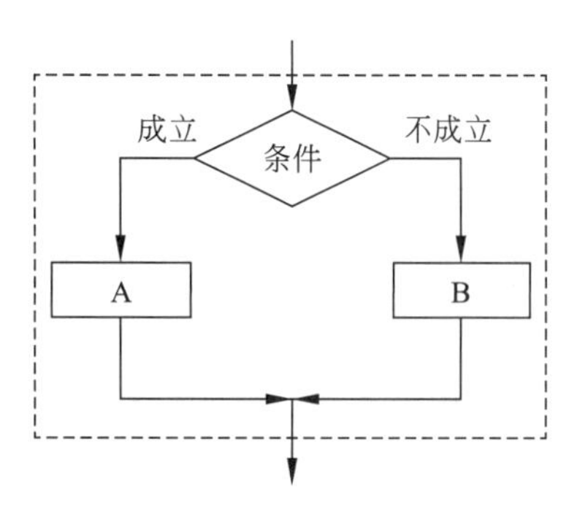

图 1-16　选择结构流程图

要注意的是：无论条件是否成立，都只能执行 A 框或 B 框之一，不可能同时执行 A 框又执行 B 框。无论走哪一条路径，在执行完 A 或 B 之后，结束本选择结构。并且 A 或 B 两个框中可以有一个是空的，即不执行任何操作。

3. 循环结构

循环结构又称为重复结构，即在一定条件下，反复执行某一部分的操作。如图 1-17 所示，当条件成立时，执行 B 中的操作。然后回到判断条件的操作，如果条件依然成立，则又一次执行 B 中操作。以此类推，当条件多次成立时，B 框中的操作也会多次执行，就达到了重复执行某个操作的目的。为了退出循环，设立的条件需要有不成立的时候。当条件不成立时，退出循环，继续执行循环结构之后的操作。

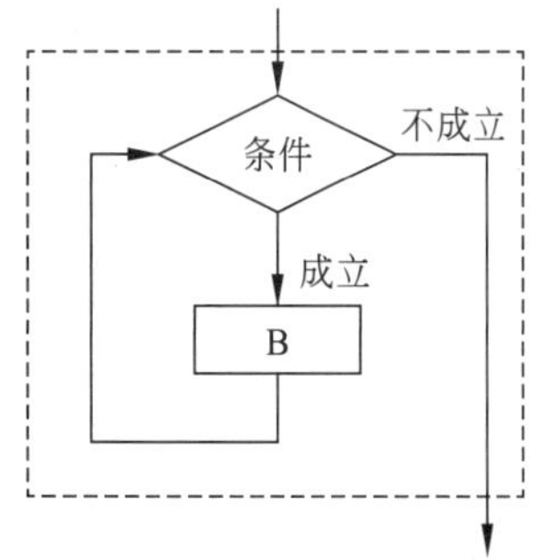

图 1-17　循环结构流程图

1.5　程序设计思想举例

计算思维的本质是抽象和自动化。抽象指的是对求解问题的一种描述，是对问题的表达和推演，自动化是用具体的形式体现计算和结果。

就 C 语言而言，抽象就是用变量、函数、数组等对需要解决的实际问题进行概括描述。抽象的过程实际上就是对实际问题确立模型的过程。自动化则是利用符合某种语言的语法规则编写的语句，按照顺序自动执行语句并进行自动转换。

通常，程序设计语言和计算思维两者相辅相成，语言是思维的体现，思维是语言的载体。C 语言中的函数、递归和模块等知识点都承载着解决问题的计算思维。计算思维实际上是模型加算法。把解决的问题抽象成与其相应的模型，然后确定算法，最后编写程序求解问题。典型算法有穷举法、递推法、递归法、回溯法、迭代法、分治法、贪心法和动态规划法等，这些典型算法常应用于实际的生活问题中。

因此，使用计算思维解决实际问题时，包括以下步骤。

（1）拆解问题：将数据、流程或问题拆解成可管理的规模。

（2）模式识别：寻找问题间的相似处、趋势或规律。

（3）抽象：只关注重要信息，忽略不相关的细节，抽象出基本数据结构，并建立解决问题的流程或规则（该规则能解决其他类似的问题）。

（4）演算法：最后选择合适的程序设计语言编制程序并进行调试运行，根据运行结果改写程序中的编程错误和算法设计错误。

接下来举一个 01 背包的实例，说明用计算思维解决 01 背包问题的求解过程。

01 背包问题描述：给定 n 种物品和一个背包，物品 i 的质量是 $Weight_i$，其价值为 $Value_i$，背包的容量为 C。应如何选择装入背包的物品，使得装入背包中物品的总价值最大?

假设使用**穷举法**解决 01 背包问题，穷举法即枚举法，其基本思想是列举出所有可能的情况，逐个判断有哪些是符合问题所要求的条件，从而得到问题的全部解答。

（1）拆解问题。拆解问题也就是将问题拆解成可管理的规模，通过分析问题，可以将 01 背包问题拆解成三部分：选择哪些物品装入背包、物品不能超过背包的容量以及需要使得物品总价值最大。

（2）模式识别。我们发现类似于 01 背包的这类问题都是求在一定限制条件下的所有解或最优解。因此通常可以将这类问题分解为几部分：执行什么样的操作，限制条件是什么，需要得到什么样的解。

此外，可以发现使用穷举法解决这类问题的方式是，将问题所有可能的情况都尝试，然后根据限制条件逐个判断，从而得到最终解。

（3）抽象。求解问题时，我们只关注重要信息，忽略不相关的细节，并且需要对问题分解得到的每部分分别建模，抽象出基本数据结构，并且建立解决问题的流程和规则。

前面将问题分成了三部分：选择哪些物品装入背包、物品不能超过背包的容量以及需要使得物品总价值最大。由于将 n 个物品选择性地装入背包有很多种方式，因此需要尝试所有可能的方式（遍历所有物品装入背包的方式），再将每种方式的所有物品装入背包（遍历所有物品），并且不断更新最优解。

所以总体是一个循环结构，其中每部分都是按顺序执行的，即顺序结构。因此总体的流程如图 1-18 所示。

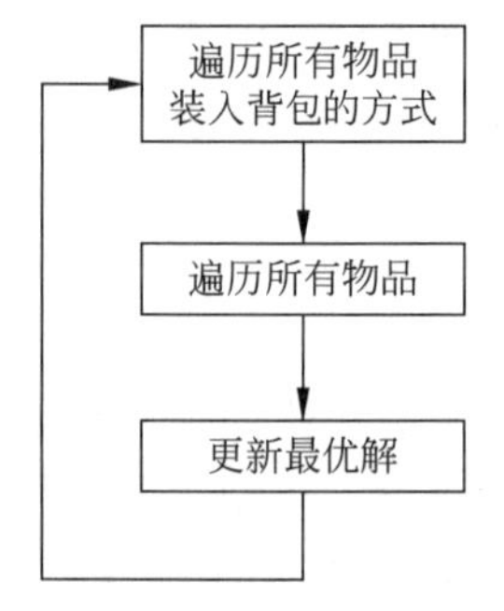

图 1-18　背包问题的总体流程

先考虑问题的第一部分，遍历所有物品装入背包的方式。

由于给定了 n 种物品，每种物品都有选择，即放入背包和不放入背包，因此 n 种物品放入背包共有 2^n 种方式。

假设 n=3，也就是说只有 3 种物品，那么共有 $2^3=8$ 种方式，因此可以将所有可能的求解方式构造成如图 1-19 所示的一棵树，树的每条分支表示一种求解可能性，3 种物品共有 8 种可能性，如图 1-19 所示。

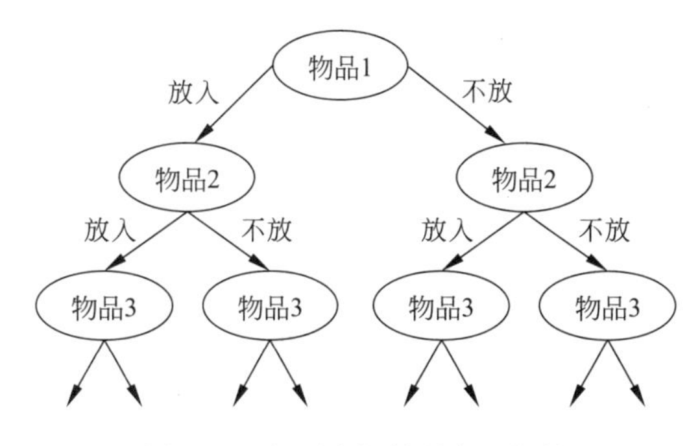

图 1-19　问题求解的所有可能性

用变量 k 表示第 k 种可能性，遍历所有物品装入背包的方式是一个循环过程，可以使用循环结构来实现，当 k 遍历到最后一种方式时，也就是 $k=2^n$ 时退出循环。这部分循环结构如图 1-20 所示。

接下来考虑问题的第二部分，即遍历所有物品。

可以发现，每种物品都有两种选择：放入或不放入，因此可以使用选择结构来实现这种选择。此外，将物品放入背包的过程是按照顺序执行的，因此放入物品的操作可以用顺序结构来实现。物品选择性地放入背包的流程图如图 1-21 所示。

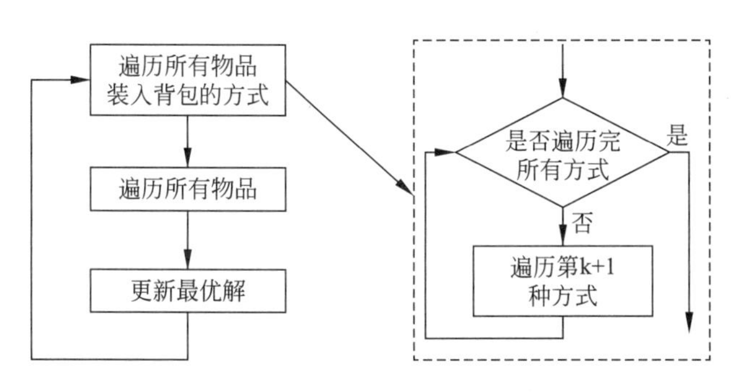

图 1-20　遍历所有物品装入背包的方式

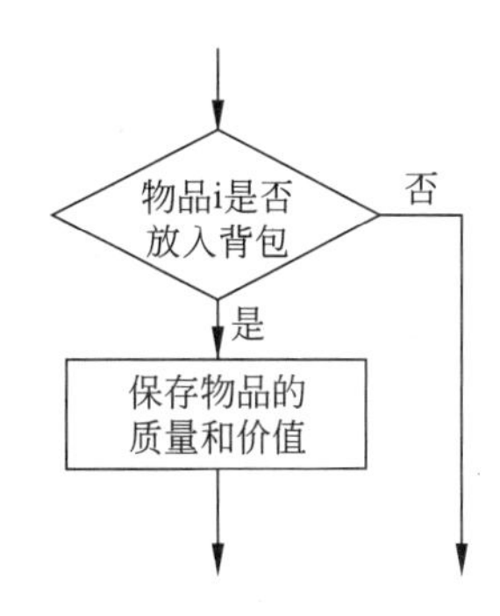

图 1-21　物品选择流程图

此外由于需要将 i 个物品放入背包（i≤n），因此不断将物品放入背包的过程是一个循环的过程，因此可以使用循环结构来实现，定义变量 W 表示当前的最大质量，定义变量 V 为当前物品总价值。

该循环结构的流程图如图 1-22 所示。

最后考虑问题的第三部分，更新最优解。

更新最优解也就是选择最优的情况，这里包含了两个限制条件，也就是放入背包的物品总质量不能超过背包的容量 C，并且不断更新当前背包的总价值。

这一部分可以使用选择结构来实现，使用变量 V_{max} 表示当前的最大价值。当物品总质量 W 不超过背包容量 C 并且当前物品总价值 V 超过了最大价值 V_{max} 时，更新物品的最大价值。也就是不断用新的 V_{max} 去替换原来的 V_{max}。流程图如图 1-23 所示。

至此，整个问题的三部分都分别完成了建模，接下来需要将三部分结合起来，完成整个问题的建模，绘制完整的程序流程图，如图 1-24 所示。

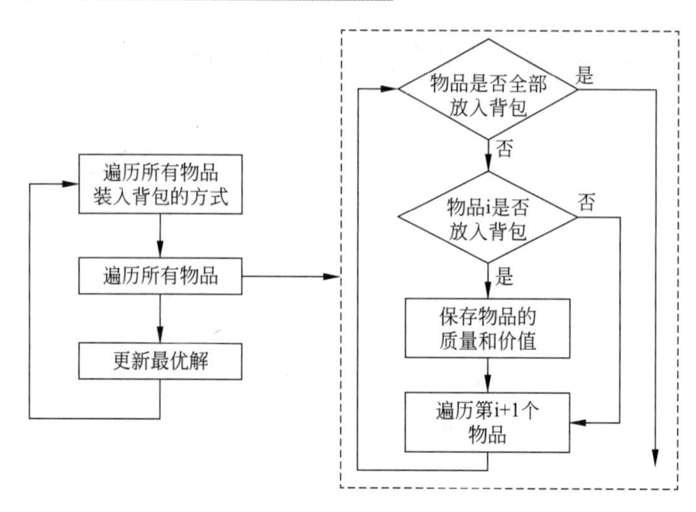

图 1-22　遍历所有物品流程图

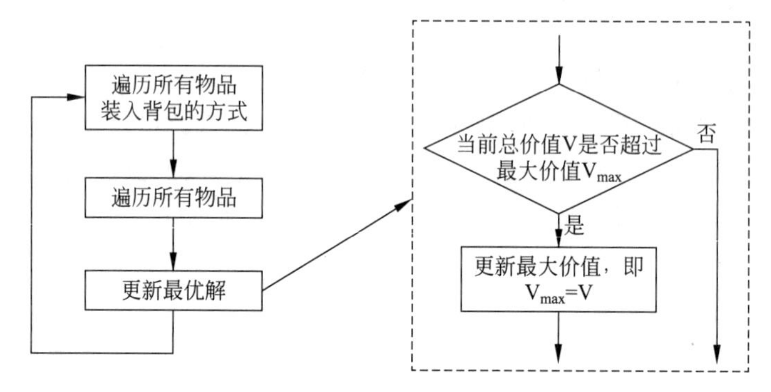

图 1-23　更新最优解流程图

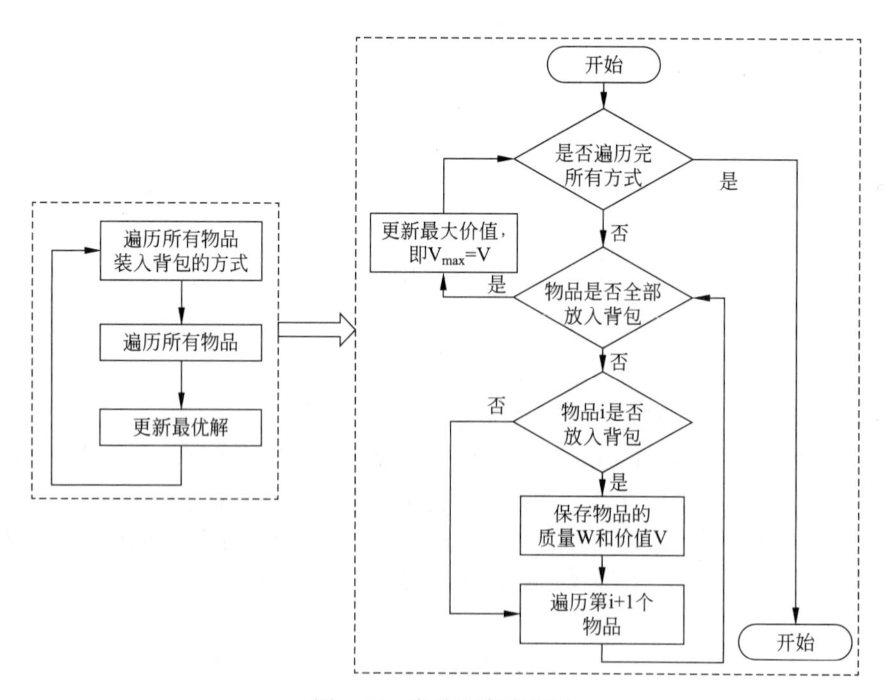

图 1-24　完整程序流程图

（4）**演算法**。选择合适的程序设计语言编制程序。这里使用 C 语言编制程序，由于第（3）步中将所有基本数据结构都抽象出来了，并且绘制了整个程序流程图，因此基本知道了问题的解决方案。最后通过抽象变量、定义函数、调用函数等方法，将开始的复杂问题转换成一个可以求解的过程。并且通过编写对应程序，将问题转化为机器可解的简单问题，得出解决问题的方法。对应的代码如下。

```
/************************************************
程序编号：1-01
程序名称：01背包问题
程序功能：求解01背包问题的最优解
程序输入：物品总数，背包容量，物品i的质量和价值
程序输出：最优解
************************************************/
#include<stdio.h>
int value[1000]={0};    //物品价值
int weight[1000]={0};   //物品质量
int N,C;                //物品总数和背包容量
int Vmax = 0;           //最优解，即最大价值
int bestx = 0;          //最优解所对应的物品
/* 计算最优解 */
void check(unsigned long i)
{
    float W=0.0;        //方案i的物品总质量
    float V=0.0;        //方案i的物品总价值
    int j=0;            //物品序号
    unsigned long m=i;
    while(m)
    {
        if(m & 1)
        {
            W += weight[j];
            V += value[j];
        }
        //右移一位
        m >>= 1;
        j++;
    }
    if(W<=C && V>Vmax)
    {
        Vmax = V;
        bestx = i;
    }
}
/* 打印输出最终结果 */
void printResult()
```

```
    {
        //输出最优值
        printf("最优解所对应的最大价值为：%d ",Vmax);
        //构造并输出最优解
        int j=1;
        printf("背包装入的物品为");
        while(j<N)
        {
            printf("%d",bestx&1);
            bestx >>= 1;
            j++;
        }
        printf("%d",bestx&1);
    }
    /* 主函数 */
    int main()
    {
        //输入物品总数和背包容量
        scanf("%d %d",&N,&C);
        //输入物品i的质量
        for(int i=1; i<=N; i++){
            scanf("%d",&weight[i]);
        }
        //输入物品i的价值
        for(int i=1; i<=N; i++){
            scanf("%d",&value[i]);
        }
        //遍历所有背包装入物品的方式
        unsigned long i,k;
        k= (1<<N);  //k=2^n
        for (i=0;i<=k;i++)
            //判断i是否为最优解
            check(i);
        //打印输出最优解
        printResult();
    }
```

习　　题

1. 简述计算思维的概念。

2. 计算机由哪几部分构成？它们之间是如何协调工作的？

3. 将十进制数 281 分别转换为二进制数、八进制数和十六进制数。

4. 对于给定的整数 n（n > 1），请设计一个流程图判别 n 是否为素数（只能被 1 和自己整除的整数），并分析该流程图中哪些是顺序结构、分支结构和循环结构。

第2章　C 语言概述

● 知识点和本章主要内容

C 语言是面向过程语言的代表，是最重要的一门计算机语言。早期的 C 语言主要用于 UNIX 系统。由于 C 语言的强大功能和各方面的优点逐渐为人们认识，到了 20 世纪 80 年代，C 语言开始进入其他操作系统，并很快在各类大、中、小和微型计算机上得到了广泛的应用，成为当代最优秀的程序设计语言之一。

本章首先向读者简述 C 语言的发展历史，然后介绍编写、运行 C 语言程序的步骤，最后介绍 C 语言的集成开发环境。

2.1　C 语言的起源和发展

C 语言诞生于美国贝尔实验室，由 D. M. Ritchie 以 B 语言为基础发展而来。最初的 C 语言只是为了描述和实现 UNIX 操作系统提供一种工作语言而设计的。1973 年，D. M. Ritchie 和 Ken Thompson 合作把 UNIX 的 90%以上用 C 语言改写，即 UNIX 第 5 版。随着 UNIX 的发展，C 语言也迅速得到推广。

为了利于 C 语言的全面推广，美国国家标准协会（ANSI）根据 C 语言问世以来各种版本对 C 语言进行修订和扩充，制定了第一个 C 语言标准草案。1989 年，ANSI 公布了一个完整的 C 语言标准，通常称为 ANSI C 或 C89。1990 年，国际标准化组织（International Standard Organization，ISO）接受 C89 作为国际标准 ISO/IEC 9899: 1990。1999 年，ISO 又对 C 语言标准进行了修订，在基本保留原来的 C 语言特征的基础上，针对应用的需要，增加了一些功能，尤其是 C++中的一些功能，并在 2001 年和 2004 年先后进行了两次技术修正，称为 C99，C99 是 C89 的扩充。在 2011 年 12 月 8 日，ISO 又正式发布了新的标准——ISO/IEC 9899: 2011，称为 C11。

计算机语言有很多种，如汇编语言、C 语言、C++、Java、Python 等。为什么大多数人选择 C 语言作为第一门编程语言呢？

首先我们熟知的 C++、C#、Java 都来源于 C 语言。C 语言是面向过程语言的代表，是最重要的一门计算机语言。随着 C 语言的发展，出现了 C++。C++同样也是由来自贝尔实验室的 Bjarne Stroustrup 编写。C++是 C 语言的继承，它既可以进行 C 语言的过程化程序设计，又可以进行面向对象的程序设计。后来 Sun 公司又对 C++进行改写，产生了 Java。

微软公司在 C++语言基础上创造了与 Java 类似的语言——C#。由此可以看出，学习 C++、Java、C#等其他语言之前，先学习 C 语言不失为一种好的选择。

其次 C 语言具有语法结构简洁精炼、程序效率高、有良好的移植性等特点。特别在嵌入式开发中 C 语言发挥了重要作用，这是由于大多数操作系统内核都是使用 C 语言编写的。这些原因都使得 C 语言成为世界上应用最广泛的程序设计语言。

2.2 C 语言程序的编写及运行

用 C 语言编写的程序称为 C 源程序。但是计算机不能直接识别并运行这个源程序，必须用编译程序（也称编译器）把 C 源程序翻译成二进制形式的目标程序，然后再将该目标程序与系统的函数库及其他目标程序连接起来，形成可执行文件，运行这个可执行文件，才能看到程序运行的结果。下面是编写并运行 C 语言程序的一般过程。

2.2.1 编辑

编辑是建立或修改 C 源程序文件的过程，也就是通过键盘向计算机输入 C 语言程序，并以文本文件的形式存储在磁盘上，C 源程序文件的扩展名为.c 或.cpp。

2.2.2 编译

编译的作用是首先对源程序进行语法检查，然后自动把语法无误的源程序转换为二进制形式的目标程序，目标程序的扩展名为.obj。

2.2.3 连接

编译生成的目标程序，机器可以识别，但还不能直接执行，还需将目标程序与库函数进行连接处理，连接工作由连接程序完成。经过连接后，生成可执行程序。可执行程序的扩展名为.exe。

2.2.4 运行

C 源程序经过编译、连接后生成可执行文件（.exe）。生成的可执行文件既可以在编译系统环境下运行，也可以脱离编译系统直接运行，如在 Windows 资源管理器下双击可执行文件名就可运行该程序。

图 2-1 所示为 C 语言的编辑、编译、连接和运行的过程。

2.3 C 语言集成开发环境

从前面的章节得知，如果运行一个 C 语言程序，需要利用编辑器编写 C 语言语句，之后用编译器将文本文件的 C 源程序转换为二进制格式的目标程序，接着用连接器将目标程序与库函数进行连接处理生成可执行文件。经过这一系列步骤才能完成 C 语言程序的运行。

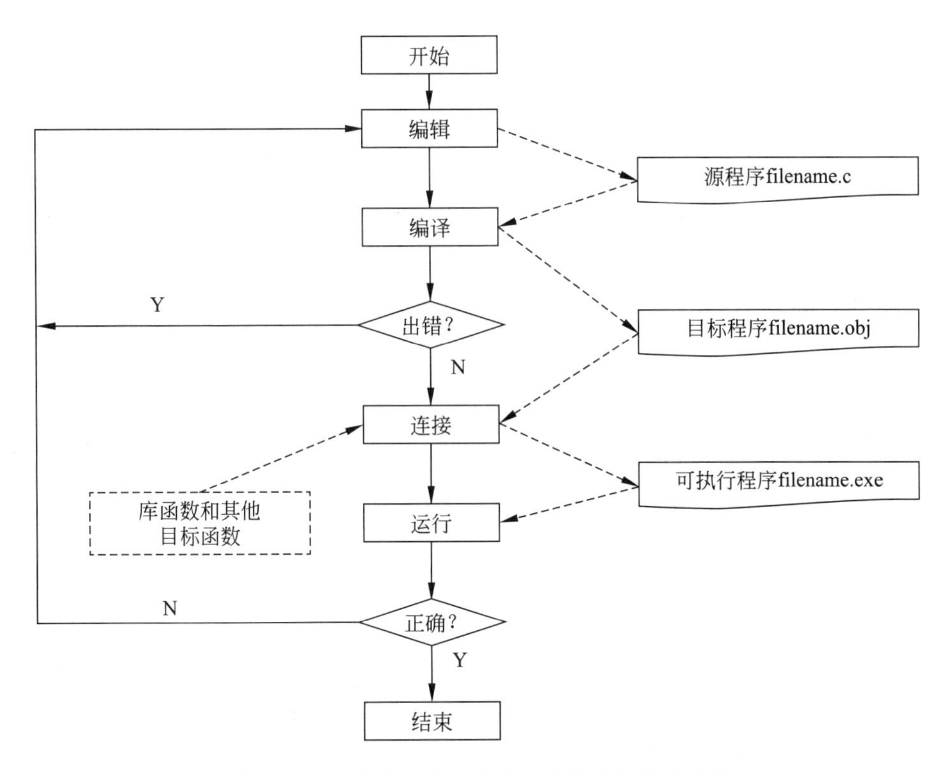

图 2-1　C 语言的编辑、编译、连接和运行的过程

也就是说程序员需要在计算机中安装编辑器、编译器和连接器才能顺利编写和运行一个 C 语言程序，这非常不方便。如果有一个软件将编辑器、编译器和连接器集成在一起，程序员在这一个集成开发环境进行程序的编辑、编译、连接到最后的运行就好了。实际上，软件开发商已经开发出了许多 C 语言集成开发环境。常见的 C 语言集成开发环境有 Turbo C、Borland C、Visual C、Microsoft Visual C++、Dev C++等。这里以 Dev C++为例，介绍 Dev C++的安装和使用方法，更详细的内容，读者可以参考有关资料。

2.3.1　Dev C++安装

首先下载 Dev C++软件并双击启动安装程序，按照安装程序的指引进行选择安装，具体步骤如图 2-2～图 2-7 所示。

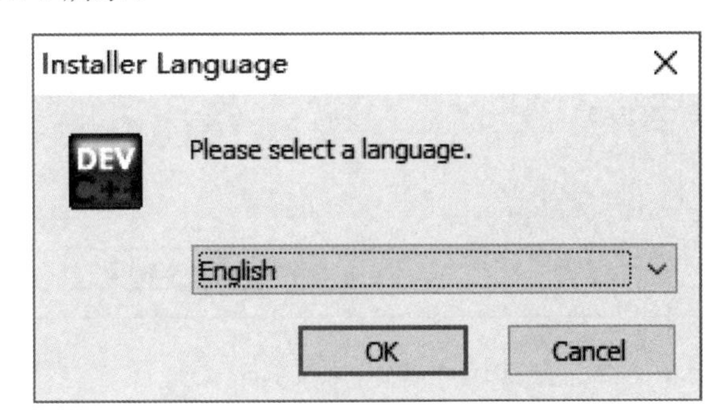

图 2-2　选择安装过程使用语言

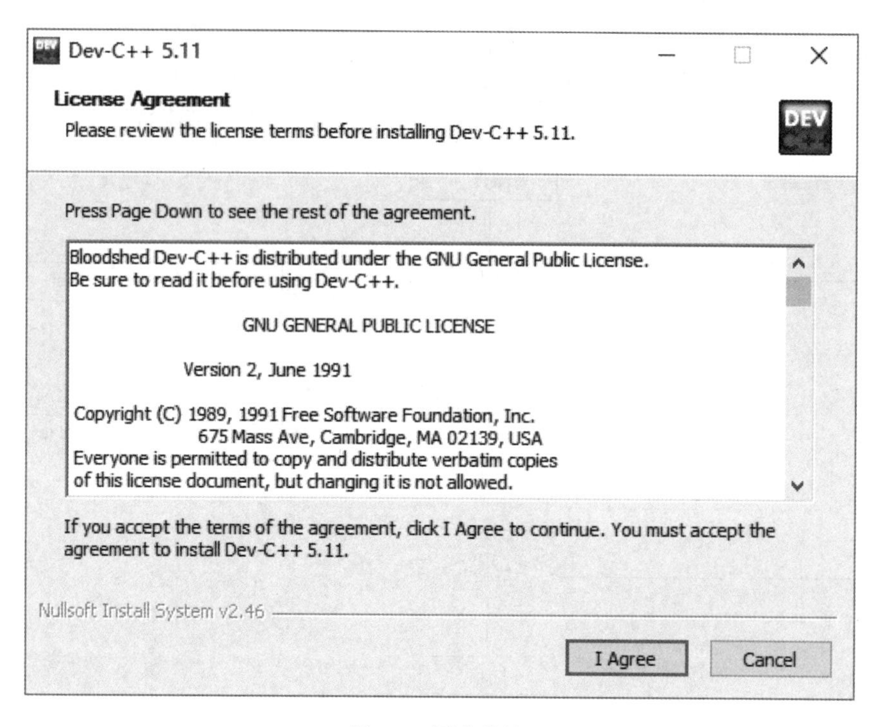

图 2-3　同意协议

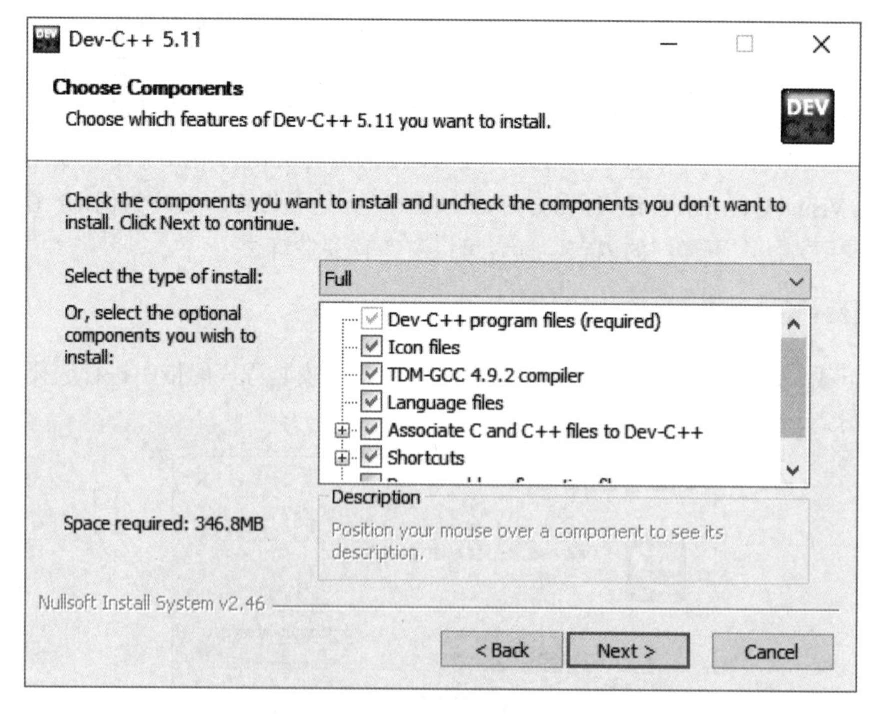

图 2-4　选择支持组件

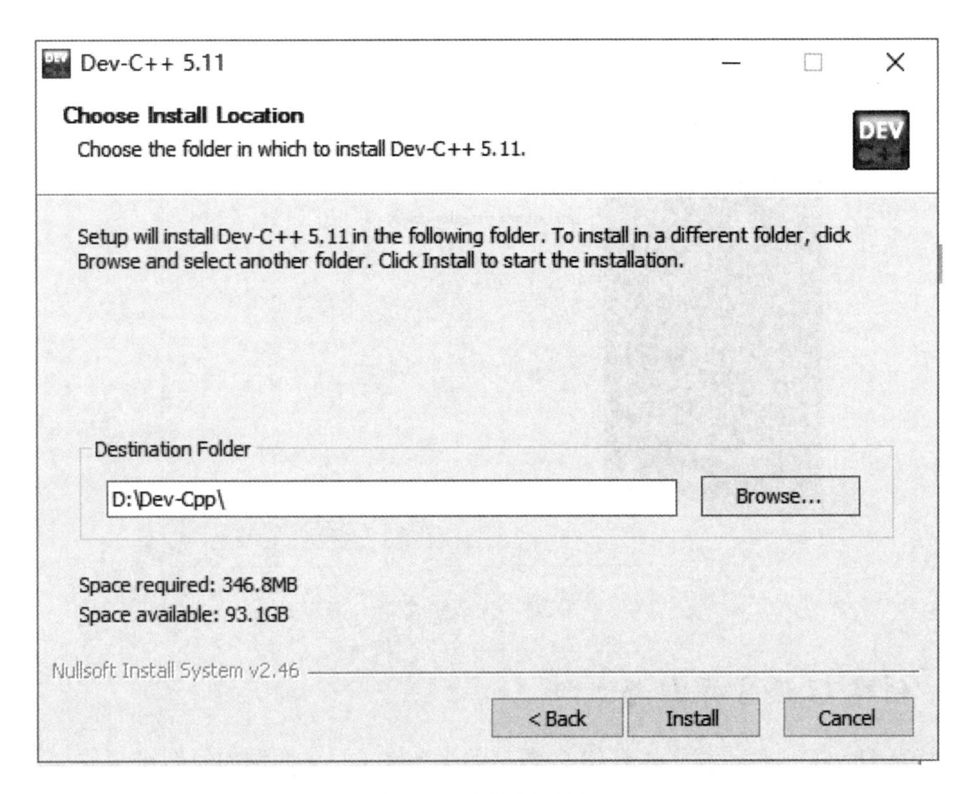

图 2-5　选择安装路径

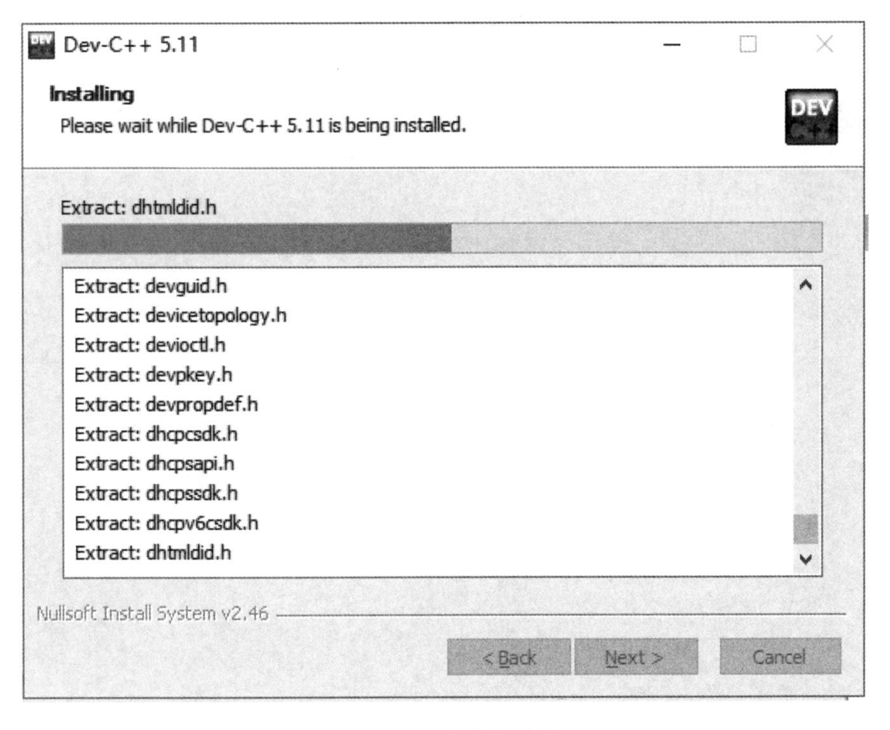

图 2-6　安装等待过程

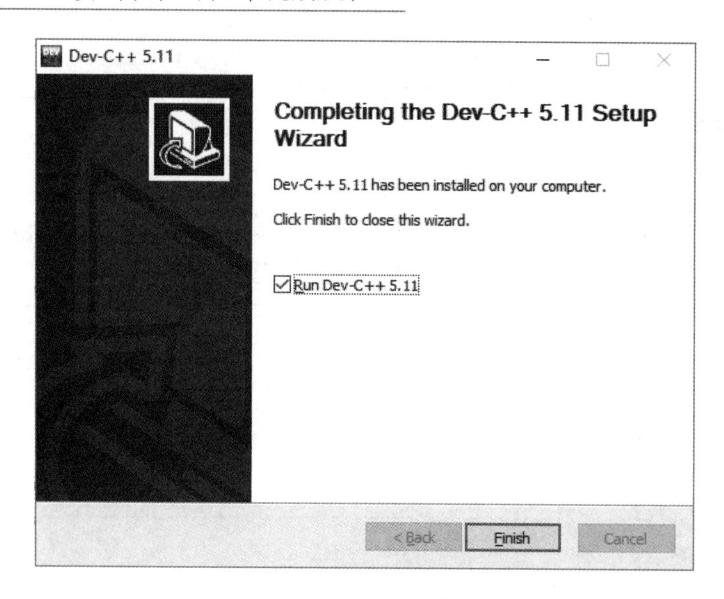

图 2-7　安装完成

2.3.2　创建 C 语言源程序文件

安装完 Dev C++后，就可以开始 C 语言编程之旅了！先介绍如何创建 C 语言源程序文件。

打开 Dev C++，在上方菜单栏中选择“文件”→“新建”→“源代码”命令，如图 2-8 所示。

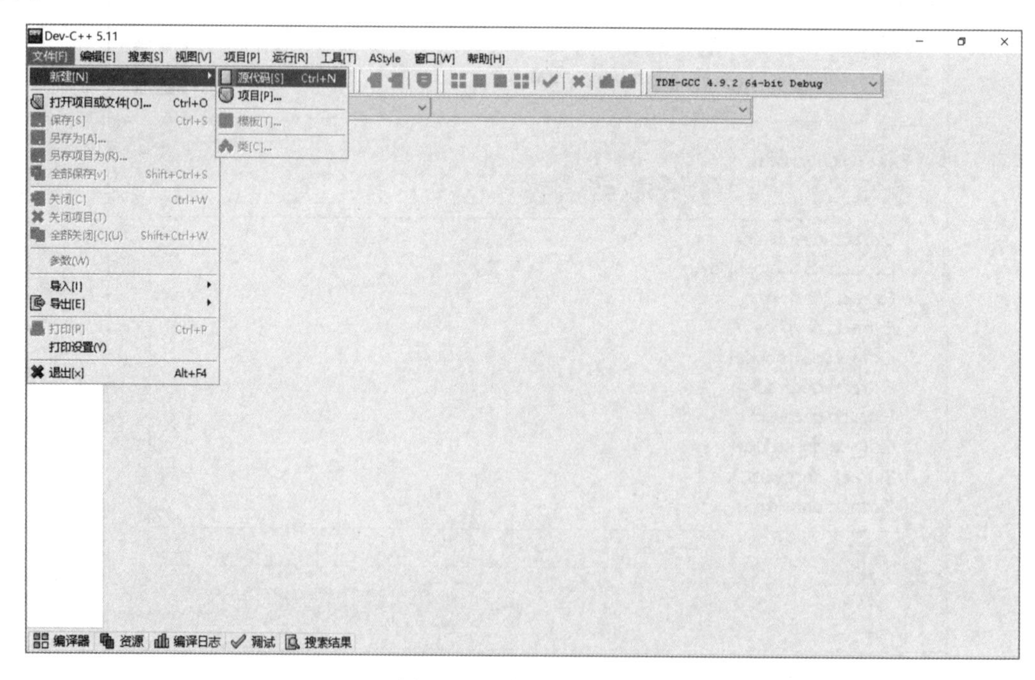

图 2-8　创建源代码文件

用键盘在文本编辑器中输入一段代码，本例 C 语言代码如图 2-9 所示。

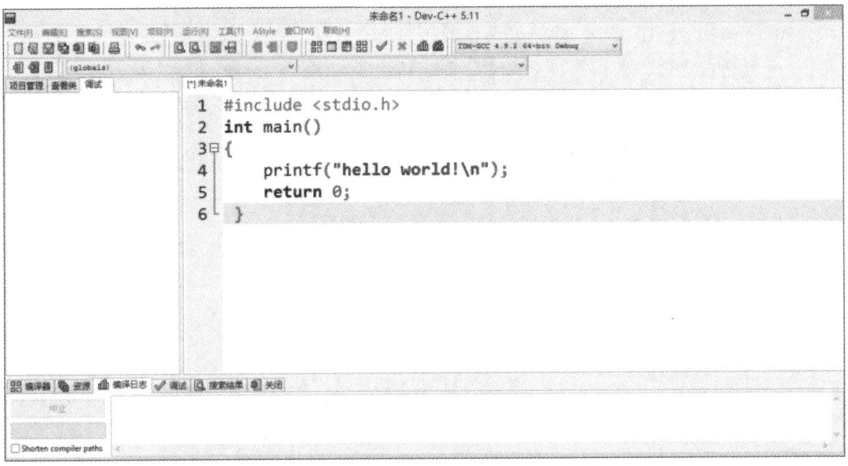

```
1  #include <stdio.h>
2  int main()
3  {
4      printf("hello world!\n");
5      return 0;
6  }
```

图 2-9　C 语言代码

代码编写完毕后，单击“保存”按钮将文件保存到自定义的目录下。这时弹出对话框，要求给这个 C 语言程序文本命名，本例取名为 helloworld.c，后缀为.c，此文件为 C 语言程序文件，如图 2-10 所示。

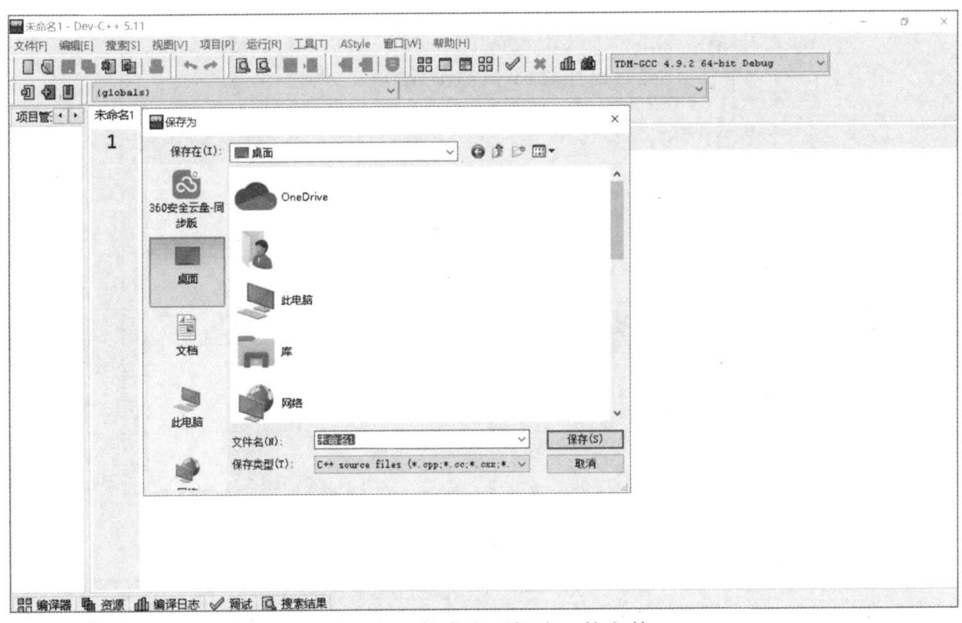

图 2-10　保存为后缀为.c 的文件

2.3.3　编译与运行

上节中保存的 helloworld.c 文件就为 C 语言源程序文件。为了运行该 C 程序，还需要进行编译。选择“运行”→“编译”命令，如图 2-11 所示。如果出现图 2-12 中方框所示的编译结果，那么恭喜你，你编写的 C 语言代码没有语法错误，就可以进入运行阶段。运行与查看运行结果，如图 2-13 所示。这时可以发现，在保存 helloworld.c 的文件夹下面，多了一个 helloworld.exe，这个就是编译连接后产生的可执行文件。

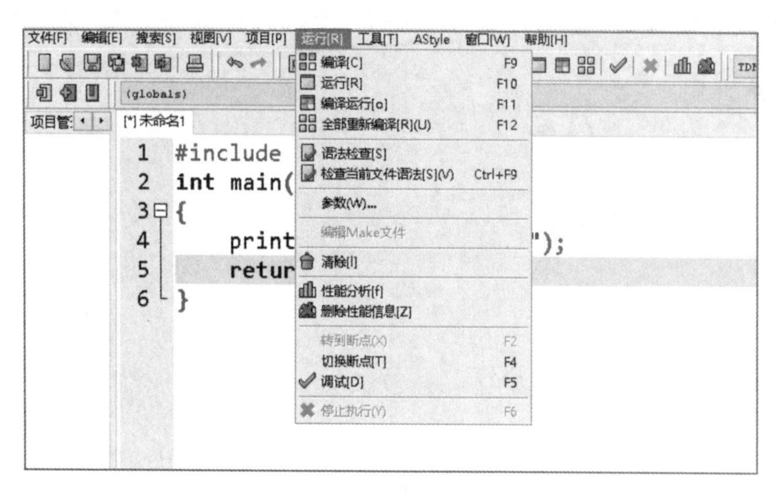

图 2-11　编译

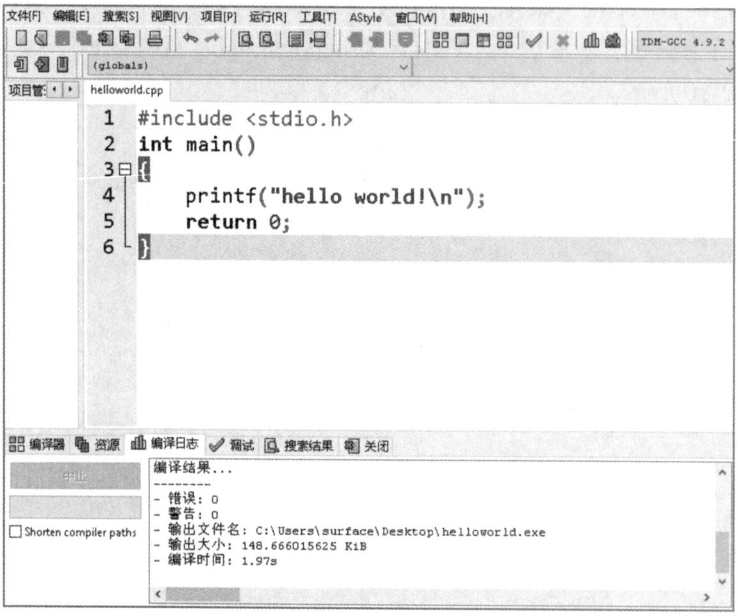

图 2-12　查看编译结果

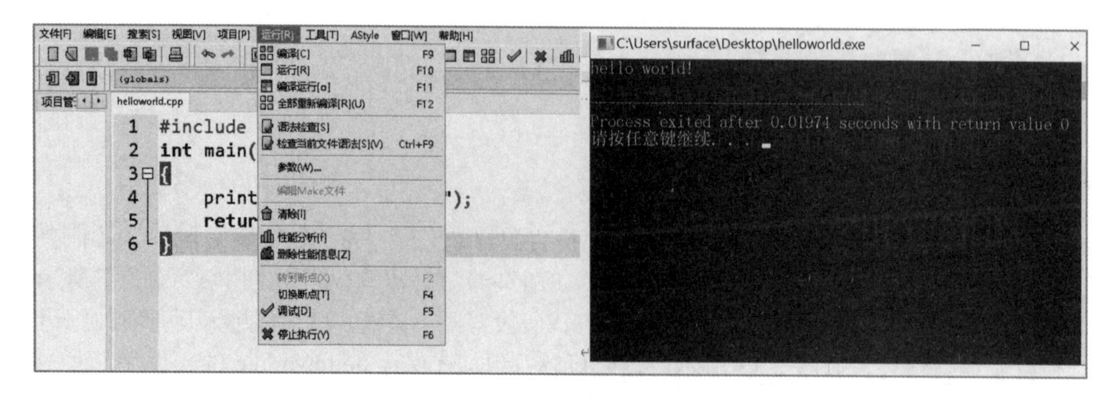

图 2-13　运行与查看运行结果

如果编写的代码存在语法错误，则编译失败，编译器会在最下方报错，显示可能出错的信息，如图 2-14 所示。图 2-14 中下方为编译信息，可以看到一条提示编译错误的信息“[Error] expected ';'before'}'token”，意思是在“}”之前缺少“;”。把目光再次投向代码文本区，发现编译器对代码文本区可能出错的语句已经标红。经检查发现是第 5 条语句“return 0”后面没有加“;”导致的语法错误。请读者们仔细修改一下这个语法错误，再次编译运行，看看结果是什么。

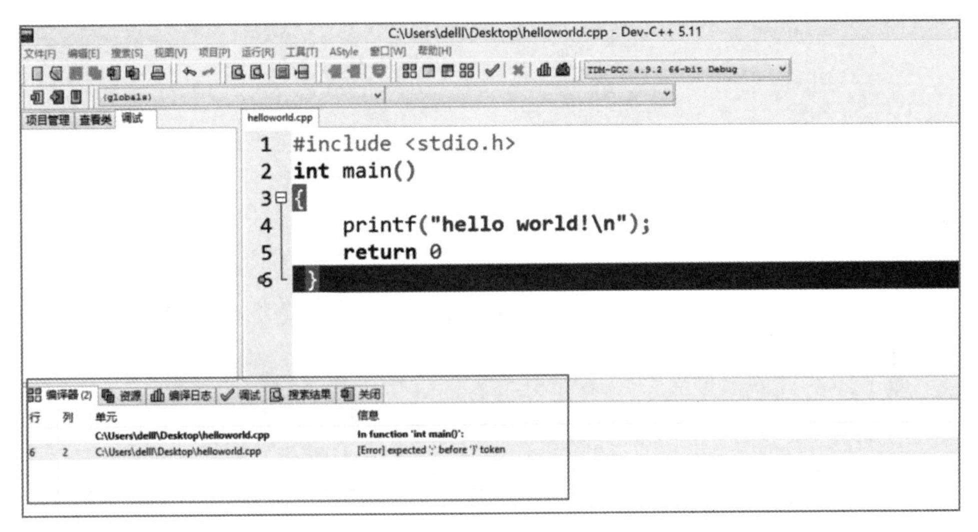

图 2-14　编译错误

习　题

1. 简述 C 语言的特点。
2. 一个 C 语言程序正确运行，要经历哪些过程？
3. 尝试将 helloworld.c 中的输出内容修改为“hello c program!”。

※层次 1：C 语言程序设计的基本语句

层次 1 目标

- 适合读者：零基础入门学习的读者。
- 层次学习目标：学会用三种结构解决简单问题。
- 技能学习目标：掌握 C 语言程序设计的基本语法和三种结构的基本语句；学会程序调试。

第3章 简单的程序流程

● 知识点和本章主要内容

本章的内容属于程序设计的第1个层次。这一章将进入C语言程序设计的简单程序流程。介绍C程序三种结构的最简单的形式，即简单的顺序结构、简单的选择结构、简单的循环结构，C语言提供了多种语句来实现这些程序结构。因此，通过一串实例的讲解，对编写这些基本语句时用到的C语言基础知识点进行渗透式理解，使读者对C语言程序有一个初步的认识，为后面各章的学习打下基础。当掌握三种简单结构后，可以组成各种复杂的程序结构。

3.1 简单的顺序结构

顺序结构是结构化程序设计中最简单的一种基本结构，这种结构的程序将按照代码的先后顺序执行。

3.1.1 第一个C语言程序Hello World!

下面通过一个最简单的C语言程序（程序3-01），开启C语言代码的探索之旅吧！

```
/**************************************************
程序编号：3-01
程序名称：第一个C语言程序Hello World!
程序功能：在屏幕上显示Hello World!
程序输入：无
程序输出：Hello World!
**************************************************/
1   /*头文件声明开始*/
2   #include<stdio.h>      //预处理命令，注意行末没有分号
3   /*头文件声明结束*/
4   /*main()函数开始*/
5   int main()                      //定义主函数（main()函数）
6   {                               //函数体开始标志
7     printf("Hello World! ");      //在屏幕上显示Hello World!
8     return 0;                     //函数执行完毕时返回函数值0
9   }                               //函数体结束标志
10  /*main()函数结束*/
```

运行结果如图 3-1 所示。

```
Hello World!

--------------------------------
Process exited after 0.06517 seconds with return value 0
请按任意键继续. . .
```

图 3-1　程序 3-01 的运行结果

程序分析如下。

1. C 语言程序结构

从程序 3-01 可以看出，标准 C 语言程序通常由“程序信息注释块”“主函数外程序块”及“主函数程序块”组成。其中“主函数外程序块”及“主函数程序块”称为 C 语言代码。“程序信息注释块”不是 C 语言程序必须的内容，它仅起到程序信息说明作用，方便人阅读，机器并不实际执行。“主函数程序块”是代码主体部分，是机器具体执行内容。

实际上，编写任何 C 语言程序时，必须**有且仅有一个主函数 main()**，因为程序总是从 main()函数的第一条语句开始执行，直至 main()函数的最后一条语句。当 main()函数最后一条语句执行完后，那么就意味着整个 C 程序执行完毕。如果有多个 main()函数，程序就不知道从哪条语句开始执行了。除了 main()函数，C 语言还可以有多个其他函数。包含多个函数的例子将在后面的章节中介绍。

2. C 语言注释

C 语言注释用来解释某一段程序或某一行代码的含义，方便他人或自己理解各部分程序的作用，被注释的代码不会参与编译，当然就不会被执行。C 语言注释可以出现在程序中的任何地方。C 语言注释包括单行注释和多行注释。

（1）单行注释以“//”开头，只能注释一行，从“//”开始到这一行末尾都是注释的内容，如程序 3-01 第 6 行的“//函数体开始标志”。

（2）多行注释以“/*”开头，以“*/”结尾，“/*”和“*/”中间的部分都是注释的内容，如程序 3-01 第 10 行的“/*main()函数结束*/”。

（3）无论单行注释“//”还是多行注释“/*...*/”，注释的内容都不会被编译，也不会被执行，仅起到方便人阅读理解代码的作用。实际上，细心的读者会发现本例中的“程序信息注释块”就采用的是多行注释的方式。

3. C 语言语句

C 程序由语句组成。每一条语句以“;”结尾。一条语句可以分几行写，几条语句也可以写在一行，但“;”是语句终止符的唯一标识。程序 3-01 的 main()函数是由两条语句构成的，分别是：“printf("Hello World!");”和“return 0;”。

4. include 预编译命令

“主函数外程序块”由预编译指令和注释组成。其中“#include <stdio.h>”是预编译指令，称为文件包含命令，**注意行末没有分号**。其意义是把尖括号内指定的文件包含到本程序来，成为本程序的一部分。本例中，stdio.h 是标准输入输出头文件。若主函数（main()函数）需调用 printf()函数（标准输出）或者 scanf()函数（标准输入），需要在 main()函数前执行#include <stdio.h>命令。

5. printf()函数

printf()函数称为格式输出函数，其意义是按指定的格式输出数据。printf("Hello World! ")的含义是将括号里引号中的字符串原样输出在屏幕上。

6. C 语言程序代码书写规范

从一开始学习编程语言，就要养成良好的代码书写规范。良好的代码书写将促进团队合作、减少 bug 处理、降低维护成本、有助于代码审查、有助于程序员自身的成长。请读者高度重视代码书写规范。这里总结几条常见的代码规范。

（1）C 语言大小写敏感，书写时习惯用小写字母，仅常量的书写用大写。

（2）有合适的空行，增加代码的可读性。

（3）常用"锯齿形书写"格式，可使用 TAB 缩进，这是为了保证代码结构清晰。"锯齿形书写"是指 C 语言代码不是左对齐，而是根据语句结构不同有不同的缩进。如程序 3-01 第 6～9 行语句中，第 6、9 行语句左对齐，第 7、8 行语句左对齐，但第 7、8 行语句有缩进。

（4）{ }对齐。

（5）为了保证易于理解和阅读，要有足够的注释。

小练笔

小练笔 3.1.1

请读者仿照程序 3-01，在屏幕上输出如下矩形。思考：若去掉"#include <stdio.h>"会发生什么？若去掉一条语句结尾的";"，会发生什么？

```
******
*    *
******
```

3.1.2 整型变量举例——超市购物 1

程序 3-02 将引出变量和算术运算表达式等相关概念，通过该程序的学习，使读者能够编写存储数据结果的简单小程序。

```
/************************************************
程序编号：3-02
程序名称：超市购物1
程序功能：根据用户键入数值，计算并输出商品价格
程序输入：输入商品单价和数量
程序输出：输出商品总价
************************************************/
1   #include<stdio.h>                        //预处理命令，包含标准输入输出库
2   int main()                               //定义main()函数
3   {
4   /* 定义整型变量 */
5     int amount,price,sum;                  //定义了3个整型变量amount、price和sum
6   /* 定义变量结束 */
7     printf("please input two numbers:");  //调用printf()函数，实现屏幕上输出提示语
8     scanf("%d,%d", &price, &amount);       //调用scanf()函数，实现从键盘输入两个数
```

```
9     sum=price*amount;                  //计算总价
10    printf("\nThe sum is : %d\n", sum); //输出总价sum的值
11    return 0;
12  }
//*******************************************
```

运行结果如图 3-2 所示。

```
Please input two numbers:2,15

The sum is : 30

--------------------------------
Process exited after 9.748 seconds with return value 0
请按任意键继续. . .
```

图 3-2　程序 3-02 的运行结果

程序分析如下。

1．变量

变量指的是一个有名字、有类型的存储单元。每个变量在内存中占据一定大小的存储空间。那变量应该占据多大的存储空间呢？这是由变量的数据类型决定的（关于数据类型详见 3.2.1 节）。不同的数据类型占据不同大小的存储空间。当计算机分配了一定大小的存储空间后，这个空间可用来存放变量的值（数据），存储空间的名字称为变量名。在程序运行期间，变量的值是可改变的。程序中使用变量时，必须遵循"先定义再使用"。所谓"先定义"，指的是定义变量的数据类型和名字。"再使用"是指定义变量后，就可以向变量所在的空间存储或访问变量值。如第 5 行语句为"定义变量"，第 8～10 行语句为"使用变量"。

C 语言提供了整型（int）、单精度浮点型（float）、双精度浮点型（double）以及字符型（char）四个基本数据类型。第 5 行语句"int amount,price,sum;"定义了 3 个整型变量，变量名分别为 amount、price、sum。关键字 int 标识了变量类型是整型。当一次定义多个相同类型的变量时，变量之间用逗号隔开。**注意 C 语句中的标点符号都是英文标点符号，这一点请初学者注意。**

2．标识符

标识符是一个字符序列。这个字符序列可作为变量名字，如程序中的 amount、price、sum。并不是任意字符序列都是 C 语言规定的合法标识符，需遵循以下规则。

（1）由字母、数字、下画线组成。

（2）第一个字符必须是字母或下画线。

（3）一般最大长度为 32 个字符。

（4）不能采用系统已有的保留字，如 int、float 等。

（5）标识符尽量简单易记，见名知义。

（6）大小写敏感，如 Class 和 class 是两个不同的变量名。

3．运算符与表达式

1）算术运算符与表达式

编写程序有时涉及运算操作。如第 9 行"sum=price*amount;"中的"*"即为乘运算，对变量 price 和 amount 进行乘法运算。"price*amount"称为算术表达式，由算术运算符"*"

和操作数 price 和 amount 连接而成。算术运算符包括加（+）、减（–）、乘（*）、除（/）等。算术运算符用于各类数值型数据运算。

2）赋值运算符与表达式

第 9 行“sum=price*amount;”为赋值表达式，其中“=”为赋值运算符。作用是将两个变量 price 和 amount 的乘积赋给变量 sum。也就是经过赋值运算后，sum 变量代表的存储空间中存放了变量 price 和变量 amount 的乘积。**C 语言的赋值运算符“=”与数学符号“=”虽然在写法上相同，但是概念完全不同，请初学者注意理解，不要混淆。在 C 语言中，表示相等关系的符号是“==”。**

3）C 语言提供了多种运算符及其表达式

C 语言提供的运算符及其表达式包括算术运算符和算术表达式、赋值运算符和赋值表达式、关系运算符和关系表达式、逻辑运算符和逻辑表达式、条件运算符和条件表达式等。这些内容将在 3.2.3 节中具体介绍。

4．printf()函数

程序 3-01 中已经对 printf()函数进行了基本的介绍，该函数被声明在头文件 stdio.h 里，因此程序中需要使用 printf()函数输出数据时，在主函数之前书写预编译指令#include <stdio.h>。细心的读者会发现程序 3-02 中第 7 行与第 10 行的两个 printf()函数调用方式略有不同。第 7 行的 printf()函数的调用方式与程序 3-01 中的 printf()函数一样，作用是将引号里的所有字符串原样输出在屏幕上。下面详细介绍 printf()函数第二种调用方式。

语句“printf("\nThe sum is : %d\n",sum);”的作用是将整型（int）变量 sum 的值以十进制整数形式显示在屏幕上。为什么不是二进制整数或者小数形式输出呢？这是因为格式字符“%d”起的作用。

```
printf("\nThe sum is : %d\n", sum)
        └──────┬──────────┘  └─┬─┘
           格式控制串        参数表
```

先看 printf()函数括号里的内容。逗号把括号里的内容分为“格式控制串”和“参数表”。格式控制串是一个字符串，必须用双引号括起来。这个字符串又分为“格式字符”和“普通字符”。所有“普通字符”会原样输出在屏幕上。

“格式字符”依据格式含义不同，输出不同格式，如“%d”表示以十进制整数形式输出数据。

“\n”是转义字符。“\”后面的字符不再表示字符原本的含义。“\n”不再表示字符“n”，而表示为“换行”符（控制字符），即控制光标移动到下一行的开始位置。

若一次输出多个变量值，多个变量之间用逗号隔开。举个例子：若定义了三个整型变量 sum1、sum2、sum3，并且它们的值分别为 1、2、3。则语句“printf("sum1=%d, sum2=%d, sum3=%d\n", sum1, sum2, sum3);”的运行结果为“sum1=1, sum2=2, sum3=3”。此时光标指向下一行的开始位置。

5．scanf()函数

scanf()函数是 C 语言中的输入函数。如第 8 行语句“scanf("%d,%d", &price, &amount);”的作用是把从键盘键入的两个值分别存储在 price 和 amount 所在的存储空间里。也就是执行这条语句后，整型变量 price 所在的存储空间里存放键盘键入的第一个整数，整型变量

amount 存放键盘键入的第二个整数。**注意变量名 price 和 amount 前面需要加“&”，这一点初学者容易忘记。**

格式控制字符串“%d,%d”表示输入的两个数据都是整型数据。读者从键盘键入两个数据时，一定用英文逗号隔开，因为格式控制字符串%d 和%d 之间是用英文“,”隔开的。如果这里用英文“:”隔开，即“%d:%d”，则键盘键入的两个数就用英文“:”隔开。**键盘键入数据时，保证在英文输入法状态下输入数据，这一点是初学者容易忽视的。想一想为什么？**

小练笔

小练笔 3.1.2

请读者仿照程序 3-02，编写一段程序，当用户键盘键入一个矩形的长和宽时，在屏幕上输出这个矩形的面积。

3.1.3 浮点型变量举例——超市购物 2

程序 3-03 将展示浮点运算的 C 语言代码，通过该程序的学习，使读者编写简单的四则运算代码。

```
/*********************************************
程序编号：3-03
程序名称：超市购物2
程序功能：超市有两种包装的商品。小包装净重120克，价格为11.99元。大包装净重180克，价格为15.99元。计算顾客购买两种包装商品的总价，并计算两种包装的商品每克分别多少钱。
程序输入：输入两种包装的商品数量
程序输出：输出商品总价和两种包装商品每克多少钱
*********************************************/
1   #include<stdio.h>           //预处理命令，包含标准输入输出库
2   #define PRICE1 11.99        //预处理命令，宏定义，注意行末没有分号
3   #define PRICE2 15.99        //预处理命令，宏定义，注意行末没有分号
4   int main()
5   {
6    int amount1, amount2;      //定义了2个整型变量amount1、amount2
7    float unitprice1, unitprice2; //定义了2个单精度类型的变量unitprice 1、
                                //unitprice 2
8    double sum1, sum2;         //定义了2个双精度类型的变量sum1、sum2
9    printf("请输入两种包装商品的数量:");          //调用printf()函数，输出提示语
10   scanf("%d,%d", &amount1, &amount2);     //从键盘输入2个整数
11   sum1=amount1*PRICE1; sum2=amount2*PRICE2;        //计算两种包装商品的总价
12   printf("\nsum1=%f, sum2=%f\n", sum1, sum2);     //输出总价
13   unitprice1=PRICE1/120; unitprice2=PRICE2/180;    //计算单位质量价格
14   printf("\nunitprice1=%f, unitprice2=%f\n", unitprice1, unitprice2);
                                                      //输出单位质量价格
15   return 0;
}//*********************************************
```

运行结果如图 3-3 所示。

```
请输入两种包装商品的数量:2,3

sum1=23.980000, sum2=47.970000

unitprice1=0.099917, unitprice2=0.088833

--------------------------------
Process exited after 2.756 seconds with return value 0
请按任意键继续. . .
```

图 3-3　程序 3-03 的运行结果

程序分析如下。

1．宏定义

#define 和#include 一样都是预处理命令，#define 为宏定义命令。宏定义指的是用一个标识符来表示一个字符串。这里的“字符串”可以是常数、表达式等。程序第 2、3 行为宏定义命令，其中 PRICE1 和 PRICE2 为标识符。在程序编译预处理时，对程序代码中出现的所有“标识符”，都用“常数”或“表达式”替换。如程序第 11、13 行，分别用“11.99”和“15.99”替换程序中出现的标识符 PRICE1 和 PRICE2。**预处理命令行末没有分号，这是初学者需要注意的地方**。

2．常量

常量指的是在程序执行过程中，其值不发生改变的量。主要包含如下常量。

（1）直接常量（字面常量），包括以下三种。

- 整型常量：12、0、–3；
- 实型常量：4.6、–1.23；
- 字符常量：'a'、'b'。

（2）符号常量：用一个标识符来表示一个常量，称为符号常量。符号常量在使用之前必须先定义，其一般形式为：#define 标识符 常量。如程序第 2、3 行中定义的就是符号常量。习惯上符号常量的标识符用大写字母，变量标识符用小写字母，以示区别。请读者思考一下程序中为什么要定义符号常量？

3．浮点型数据

浮点型数据是用来表示具有小数点的实数。浮点数类型包括 float（单精度浮点型）、double（双精度浮点型）。浮点型变量定义的格式和书写规则都与整型变量相同，如程序第 7、8 行分别定义了两个 float 型变量和 double 型变量。其中 float 占 4 字节，double 占 8 字节。单精度和双精度的区别用数学语言来说是精确到第几位的区别：**单精度精确到小数点后第 6 位，双精度精确到小数点后第 15 位。**

小练笔

小练笔 3.1.3

请读者仿照程序 3-03 编写一段程序，当用户键盘键入一个圆的半径 r 时，在屏幕上输出这个圆的面积，其中用宏定义圆周率 PI=3.14。

3.1.4　字符型变量举例——字母表

除存储数值型数据，C 语言还提供了存储字符类型的数据，通过程序 3-04 的学习，使读者掌握字符类型数据的输入和输出。

```
/**********************************************
程序编号：3-04
程序名称：大小写字母转换
程序功能：输入两个小写字母，打印它们对应的大写字母
程序输入：两个小写字母
程序输出：对应的大写字母
**********************************************/
1    #include<stdio.h>
2    main()
3    {
4       char lowercase1,lowercase2;                       //定义了两个字符变量
5       printf("请输入两个小写字母:");
6       scanf("%c,%c", &lowercase1, &lowercase2);    //从键盘输入两个字母
7       lowercase1=lowercase1-32;                         //字符变量参与数值运算
8       lowercase2=lowercase2-32;
9       printf("%c,%c\n",lowercase1,lowercase2);     //输出数值运算后的字母
10      printf("%d,%d\n",lowercase1,lowercase2);     //输出字母对应的ASCII码
                                                          //值（整数）
11   }
```

运行结果如图 3-4 所示。

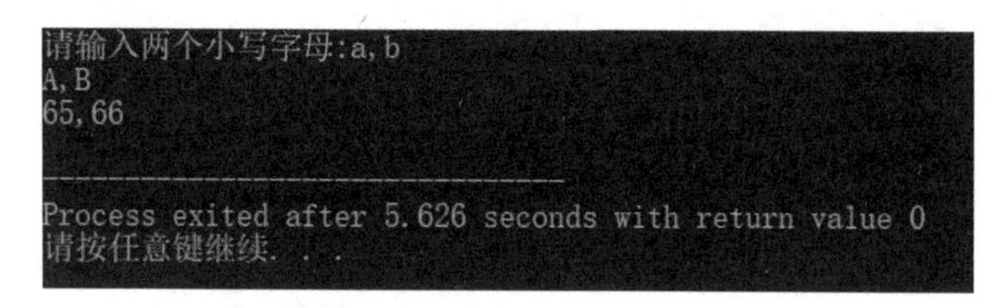

图 3-4　程序 3-04 的运行结果

程序分析如下。

1．字符变量

字符变量的类型说明符是 char。字符变量类型定义的格式和书写规则都与整型变量相同，例如，程序 3-04 的第 4 行定义的字符变量 lowercase1、lowercase2。

2．ASCII 码

并不是任意写一个字符程序都能识别，只有系统的字符集中的字符才能被程序识别。如圆周率 π 不在字符集中，程序中不能识别字符 π。目前大多数系统采用 ASCII 字符集（详见附录）。ASCII 码全称为美国标准信息交换码（American standard code for information interchange），它是一种 8 个二进制位进行编码的方案，最多可以给 256 个字符（包括字母、数字、标点符号、控制字符及其他符号）分配（或指定）数值。也就是说将 0～255 的整数赋给一个字符变量。例如，大写字母 A 的 ASCII 码值是十进制数 65，小写字母 a 的 ASCII 码值是十进制数 97。因此输出字符变量的值时，可以选择以十进制整数形式输出（%d），或以字符形式输出（%c）。如程序 3-04 的第 9、10 行分别将字符变量以字符型和十进制整

数形式（字符对应的 ASCII 码值）输出。读者仔细观察 ASCII 对照集，会发现这样一个规律：大写字母与其对应的小写字母的 ASCII 码值相差 32，因此程序 3-04 的第 7、8 行利用这个规律实现了大小写字母转换。

小练笔

小练笔 3.1.4

请读者仿照程序 3-04 编写一段程序，当用户键盘键入任意三个大写字母时，在屏幕上输出对应的小写字母。

3.2　C 语言基础

3.2.1　数据类型

C 语言规定，定义变量时需要指定变量的类型，这个类型就是数据类型。为什么计算机运算时，需要指定数据的类型呢？在数学中，数值是不分类型的，数值运算是绝对准确的，如 1/3 的值是 0.33333…（循环小数）。数学是一门研究抽象的学科，数和数的运算都是抽象和精确的。而在计算机中的，数据是存放在存储单元中的。存储单元是由有限的字节构成的，每个存储单元中存放数据的范围是有限的，不可能存放“无穷大”的数，也不能存放循环小数。在 C 程序中，计算 1/3 的结果是 0.333333，只能得到 6 位小数，而不是无穷位小数。因此，初学者一定要区分数学计算和用工程方法实现的计算。在许多情况下用工程的方法只能得到近似的结果。

C 语言允许使用的数据类型如图 3-5 所示，本节主要介绍其中的基本数据类型，构造数据类型将在第 5 章介绍，指针类型将在第 7 章介绍，空类型将在第 6 章介绍。

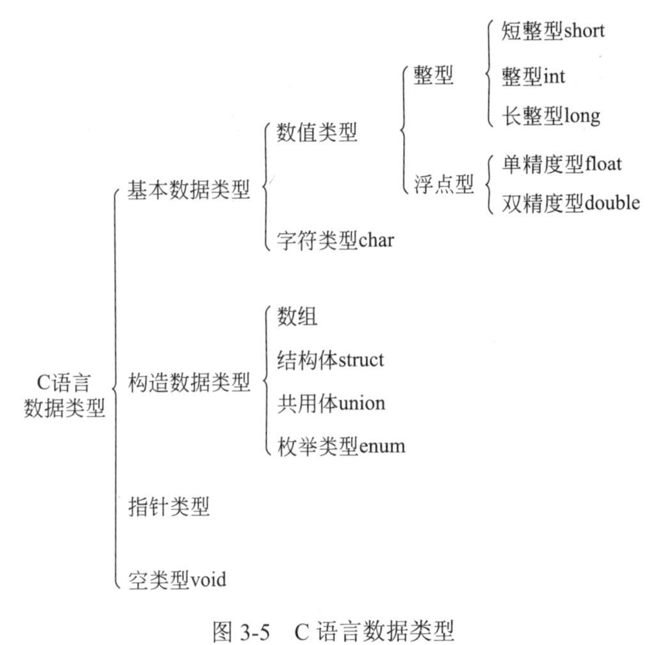

图 3-5　C 语言数据类型

数据类型是对数据分配存储单元的安排，包括存储单元的长度（占多少字节）及数据的存储形式。不同的类型分配不同的长度和存储形式。因此，数据类型可以决定：①该类型变量值被存放在多大的内存中，即占多少字节；②该类型变量取值范围（字节数决定了数据的取值范围）；③该类型变量可进行哪些运算。接下来介绍常用的基本数据类型。

1．整型数据

整型数据在存储单元中是以二进制补码形式存放的。一个正整数的补码是此数的二进制形式。一个负整数补码的计算方法为：先求这个数的绝对值的二进制表示，再对所有二进制按位取反，再加 1。

整型又分为有符号整型（signed）和无符号整型（unsigned）。下面分别介绍这两类整型。

1）有符号整型

根据给数据分配的存储空间大小，有符号整型又分为基本整型(int)、短整型(short int)、长整型（long int）。

（1）基本整型。

基本整型的类型名为 int。编译系统分配给 int 型数据 2 字节或 4 字节（由具体的 C 编译系统自行决定，本书后文都以 2 字节的基本整型为例进行讲解）。假设 int 型由 2 字节（16 位）表示，那么整数 6 和整数 –6 在存储单元中的数据形式分别如图 3-6 和图 3-7 所示。图 3-6 和图 3-7 中的二进制数分别为整数 6 和整数 –6 的补码形式。

00000000	00000110

图 3-6　整数 6 在存储单元的表示形式

11111111	11111010

图 3-7　整数 –6 在存储单元的表示形式

其中，存储单元中最左位（最高位）是符号位。最高位为 0，表示数值为正；最高位为 1，表示数值为负。对于一个 16 位的存储单元（2 字节），该存储单元中能存放的最大值为 0111111111111，第 1 位为 0 代表正数，此数值是 $2^{15}-1$，即十进制数 32767。而最小值为 10000000000000，此数是 -2^{15}，即–32768。也就是说，2 字节的 int 型变量的值的范围是–32768～32767，超过此范围，就出现数值的“溢出”，造成输出结果不正确。

（2）短整型。

短整型的类型名为 short int 或 short。C 语言规定 short int 类型数据长度不超过 int 类型。short int 类型存储方式与 int 类型相同。

（3）长整型。

长整型的类型名为 long int 或 long。C 语言规定 int 类型数据长度不超过 long 类型。长整型通常占 4 字节（32 位），因此一个 long int 型变量的值的范围是 -2^{31}～$(2^{31}-1)$，即 –2147483648～2147483647。

2）无符号整型

在实际应用中，有的数据的范围常常只有正值（如学号、年龄等）。为了充分利用变量的值的范围，可以将变量定义为“无符号”类型，即在整型符号前面加上修饰符 unsigned，表示指定该整型变量是“无符号整数”类型。如果加上修饰符 signed，则是“有符号整型”。因此，在以上 3 种整型数据的基础上可以扩展为以下 6 种整型数据。

- 有符号基本整型：[signed] int；
- 无符号基本整型：unsigned int；
- 有符号短整型：[signed] short [int]；
- 无符号短整型：unsigned short [int]；
- 有符号长整型：[signed] long [int]；
- 无符号长整型：unsigned long [int]。

方括号表示其中的内容是可选的。有符号整型数据存储单元中最高位代表符号位。如果指定 unsigned 型，那么存储单元都用作存放数值，而没有符号。因此无符号整型变量中可以存放的正数的范围比一般整型变量中正数的范围扩大一倍。若无符号基本整型 unsigned int 占用 2 字节，那么其取值范围为 0～65535，即 0～$(2^{16}-1)$。

各类整型变量的取值范围见表 3-1。

表 3-1　整型数据常见存储空间和取值范围

类　型	字　节　数	取值范围
int	2	$-2^{15}\sim(2^{15}-1)$
	4	$-2^{31}\sim(2^{31}-1)$
unsigned int	4	$0\sim(2^{32}-1)$
short int	2	$-2^{15}\sim(2^{15}-1)$
unsigned short int	2	$0\sim(2^{16}-1)$
long int	4	$-2^{31}\sim(2^{31}-1)$
unsigned long int	4	$0\sim(2^{32}-1)$

2．浮点型数据

浮点型数据是用来表示具有小数点的实数。C 语言中，实数是以指数形式存放在存储单元中的。实数的规范化指数形式是指：其数值部分是一个小数，小数部分中小数点前的数字为 0、小数点后第 1 位数字不为 0。如 0.145×10^1 就是 1.45 的规范化指数形式。浮点类型包括 float 型（单精度浮点型）、double 型（双精度浮点型）。

1）float 型

编译系统为每个 float 型变量分配 4 字节，数值以规范化的二进制数指数形式存放在存储单元中。存储时，系统将实型数据分成小数部分和指数部分，分别存放。在 4 字节（32 位）中，究竟用多少位来表示小数部分，多少位来表示指数部分，C 标准并无具体规定，由各 C 语言编译系统自定。

由于用二进制形式表示一个实数以及存储单元的长度是有限的，因此不可能得到完全精确的值，只能存储成有限的精确度。小数部分占的位（bit）数越多，数的有效数字越多，精度也就越高。指数部分占的位数越多，则能表示的数值范围越大。

注意，存储在计算机中的 float 型数据的小数部分和指数部分都是用二进制数表示的。并且指数部分是用 2 的幂次表示指数部分。如 31.4159 在内存中的存储结构如图 3-8 所示，通常情况下，C 语言编译系统用 24 位存储小数部分（包括符号），用 8 位表示指数部分（包括指数的符号），因此一个 float 型数据仅能得到 6 位有效数字，数值范围为$-3.4\times10^{-38}\sim3.4\times10^{38}$。

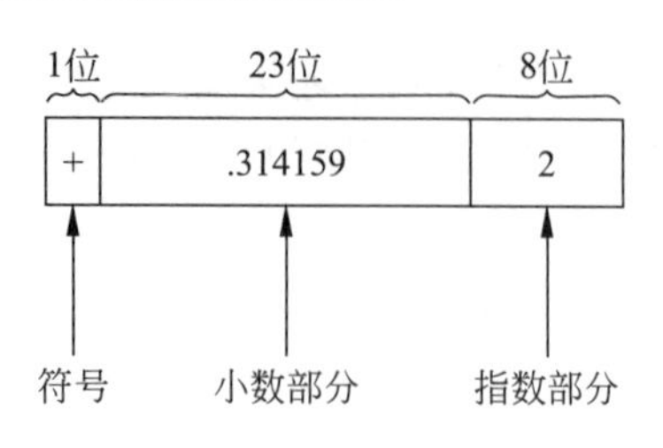

图 3-8　float 型变量存储空间图

2）double 型

为了扩大能表示的数值范围，用 8 字节存储一个 double 型数据，可以得到小数点后 15 位有效数字，数值范围为$-1.7\times10^{-308}\sim1.7\times10^{308}$。

注意，在 C 语言中进行浮点数的算术运算时，将 float 型都自动转换为 double 型，然后进行运算。

3．字符型数据

并不是任意写一个字符程序都能识别，而只能使用系统的字符集中的字符。目前大多数系统采用 ASCII 字符集，字符集通常包括了 127 个字符，主要包括几种。

（1）字母：大写英文字母 A～Z，小写英文字母 a～z。

（2）数字：0～9。

（3）专门符号：! ” # & ‘ ( ) * + , —· / : ; < = > ? [\ ] ^ _ { | } ~。

（4）空格符：空格、水平制表符（Tab）、垂直制表符、换行、换页。

（5）不能显示的字符：空（NULL）字符（以'\0'表示）、警告（以'\a'表示）、退格（以'\b'表示）、回车（以\r'表示）等。

字符是以整数形式（即字符的 ASCII 码值）存放在内存单元中的。如字母 A 并不是将字母 A 的形状存放到计算机内存，而是用整数 65 的二进制数表示字母 A，因为字母 A 的 ASCII 码值是十进制数 65。

在 C 语言中，用 1 字节（8 位二进制）存储一个字符。实际上，字符集共有 127 个字符，7 个二进制位就足够可以表示这 127 个字符，因此将第 1 个二进制位设置为 0。

至此，已经讲解完了 C 语言的基本数据类型。表 3-2 列出了常用的基本数据类型的取值范围。

表 3-2　基本数据类型的取值范围

类　型	字 节 数	取值范围
int	2	–32768～32767
	4	$-2^{31}\sim(2^{31}-1)$
short int	2	–32768～32767
long int	4	$-2^{31}\sim(2^{31}-1)$
float	4	$-3.4\times10^{-38}\sim8\text{~}3.4 10^{38}$
double	8	$-1.7\times10^{-308}\sim1.7\times10^{308}$
signed char	1	128～127，即$-2^{7}\sim(2^{7}-1)$
unsinged char	1	0～255，即$0\sim(2^{8}-1)$

C 标准没有具体规定各种类型数据所占用存储单元的长度，由于不同系统数据类型所

占存储空间长度有差异，因此 C 语言提供了一个测定数据类型所占存储空间长度的函数 sizeof()，可以确定当前系统的数据类型所占字节数。读者可以查阅 sizeof()函数的使用方法。在整型变量中，C 标准只要求 long 型数据长度不短于 int 型，short 型不长于 int 型。即：

sizeof(short) < sizeof(int) <= sizeof(long) < sizeof(long long)

因此同一个程序在不同系统中使用时，要注意不同系统的变量取值范围，避免出现“溢出”现象。

3.2.2 常量与变量

1. 常量

在程序运行过程中，其值不能被改变的量称为常量。常用的常量有以下几类。

1）整型常量

如 1000、12345、0，–345 等都是整型常量。

2）实型常量

实型常量有如下两种表示形式。

（1）十进制小数形式，由数字和小数点组成。如 123. 456、–0.345、0.0、12.0 等。

（2）指数形式，如 12. 34e3（代表 12.34×10^{3}）、0.145E25（代表 0.145×10^{25}）等，以字母 e 或 E 代表以 10 为底的指数。**但应注意：e 或 E 之前必须有数字，且 e 或 E 后面必须为整数。如不能写成 e4、12e2.5。**

3）字符常量

字符常量有如下两种形式。

（1）普通字符。用单引号括起来的一个字符，可以是字符集中的任意字符。如：'a'、'Z'、'3'、'?'、'#'都是合法字符常量。**请注意：字符常量只能是一个字符，不能写成'ab'或'12'，且大小写敏感，如'a'和'A'是不同的字符常量。字符常量只能用单引号括起来，不能用双引号或其他括号。另外需要注意的是，数字被定义为字符型之后就不能参与数值运算。如'5'和 5 是不同的。'5'是字符常量，不能参与数值运算。**

（2）转义字符。转义字符是一种特殊的字符常量，以反斜线\开头，后跟一个字符，如\n。转义字符通常用来表示控制字符。转义字符具有特定的含义，不同于字符原有的意义，故称“转义”。如程序 3-04 中 printf()函数的格式串中的\n 并不表示字符常量 n，其含义是输出“换行”符（控制符）。常用的转义字符及其功能见表 3-3。

表 3-3 转义字符及其功能

转义字符	功 能	转义字符	功 能
\n	换行符	\f	换页
\t	水平制表符	\\	反斜线符\
\v	垂直制表符	\'	单引号符
\b	退格	\a	警告
\r	回车	\0	空字符（NULL）
\ddd	八进制数所代表的任意字符	\xhh	十六进制数所代表的任意字符

广义地讲，C 语言字符集中的任何一个字符均可用转义字符来表示，如\ddd 和\xhh，其中 ddd 和 hh 分别为 3 位八进制和 2 位十六进制的 ASCII 码。如\101 表示字母 A，\102

表示字母 B，\134 表示反斜线，\x41 表示字母 A 等。

4）字符串常量

字符串常量是由一对双引号括起的字符序列。例如，"CHINA"，"C program:"，"$12.5" 等都是合法的字符串常量。**注意区别字符串常量和字符常量，字符串常量用双引号括起来，而字符常量用单引号。如"a"和'a'表示的含义不同，前者是字符串常量，后者是字符常量。**

5）符号常量

可以用标识符来表示一个常量，符号常量在使用之前必须先定义，其一般形式如下：

#define 标识符 常量

其中#define 是一条预处理命令，称为宏定义命令，其功能是把该标识符定义为其后的常量值。一经定义，以后在程序中所有出现该标识符的地方均代之以该常量值。**习惯上符号常量的标识符用大写字母，变量标识符用小写字母，以示区别。**

2．变量

变量指的是一个有名字、有特定属性的存储单元。每个变量在内存中占据一定的存储空间，用来存放变量的值，在程序运行期间，变量的值是可改变的。

在程序中使用变量时，必须遵循“先定义再使用”。所谓“先定义”，指的是先声明变量的数据类型和名字。注意区分变量名和变量值。图 3-9 中，price 为变量名，16 为变量 price 的值，即存放变量 price 的内存单元中的数据。从变量 price 中取值，实际是通过变量名找到对应的内存地址，从该存储单元中读取数据。

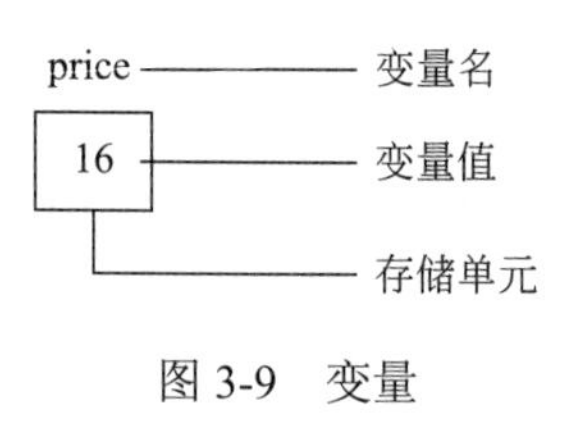

图 3-9　变量

常用的变量包括整型（有符号、无符号）变量、浮点型变量及字符型变量，下面具体介绍一下这几种变量。

1）整型变量

整型变量又分为基本整型（int）、短整型（short int）和长整型（long int）变量，根据有无符号又分为有符号（signed）和无符号（unsigned）整型变量。

（1）整型变量定义。

在定义整型变量时要指定变量的基本类型和变量名，如定义变量名为 sum、初始值为 40 的整型变量，若为有符号的变量，则 signed 为可选。

```
[signed] int sum = 40;
```

若定义的是无符号的整型变量，则表示为如下表达式，其中定义无符号整型变量时，必须写 unsigned 修饰符。

```
unsigned int sum = 40;
```

（2）注意事项。

若将一个变量定义为无符号整型后，就不能向它赋予一个负值，否则会得到错误的结果。例如：

```
unsigned short price =-1;
printf(" %d\n' , price);
```

上述代码并不会报错，但是最后得到结果为 65535，显然与原意不符。这里请读者思考为什么最后得到的结果是 65535。

此外，使用整型变量时注意不能超出变量的取值范围，超过取值范围会出现数值的“溢出”，输出的结果显然是错误的。

2）浮点型变量

浮点型变量包括单精度浮点型（float）和双精度浮点型（double）。同样定义浮点型变量要指定浮点数据的数据类型及变量名，如定义变量名为 price 的 float 型变量：

```
float price = 2.15
```

在定义浮点型数据时特别要注意浮点型数据的有效位数，也就是小数点后多少位有效。其中 float 型数据仅能得到 6 位有效数字，而 double 型数据可以得到 15 位有效数字。若超出表示范围会发生什么呢？例如：

```
float a=1.2345668;
printf("%f", a);
```

输出结果是：

```
1.234567
```

可以发现只保留了 6 位有效数字，并且最后一位是四舍五入的，因此在使用 float 型数据时要特别注意其精度。

3）字符型变量

字符型变量使用类型符 char 定义。char 是英文 character（字符）的缩写。如：

```
char c= 'a';
```

定义 c 为字符型变量并赋初值为字符'a'。'a'的 ASCII 码值是 97，系统把整数 97 赋给变量 c。

注意，实质上字符型变量 c 是一字节的整型变量，因此可以把 0～127 的整数赋给一个字符型变量，而不会报错。在输出字符型变量的值时，可以选择以十进制整数形式输出，或以字符形式输出。如：

```
printf("%d %c\n" ,c,c);
```

输出结果是：

```
97 a
```

这里用%d 格式表示输出十进制整数 97，用%c 格式表示输出字符 a。此外除了整型变量可以定义有符号和无符号之外，字符型变量也可以定义为有符号（signed）和无符号（unsigned）字符型变量。但是浮点型数据没有有符号和无符号之分。

注意：在使用有符号字符型变量时，允许存储值的范围为–128 ~ 127，但字符的代码不可能为负值，所以在存储字符时实际上只用到 0 ~ 127 这一部分，其第 1 位都是 0。

4）标识符

C 语言中，用来对变量、符号常量名、函数、数组等命名的序列统称为标识符。如前面的变量名 sum、符号常量名 PI、函数名 printf 都称为标识符，标识符可以简单理解为给变量、常量、函数等起的名字，这个名字要符合如下规定。

C 语言规定标识符只能由字母、数字和下画线三种字符组成，且第 1 个字符必须为字母或下画线。例如：

> 下面是合法的标识符：
> Price，_name，age_，day1，day_2，_ total。
> 下面是不合法的标识符：
> ￥20，#40，3Day，a>b，A.B。

注意：编译系统将大写字母和小写字母认为是两个不同的字符，因此 price 和 PRICE 是两个不同的变量名。一般而言，变量名用小写字母表示，常量用大写字母表示。

3.2.3 运算符与表达式

C 语言的运算符主要包括算术运算符、关系运算符、逻辑运算符等。C 语言表达式指的是用运算符将运算对象（如常量、变量、表达式等）连接起来，符合 C 语言语法规则的式子，包括算术表达式、关系表达式、逻辑表达式、赋值表达式等。依据运算符作用的运算对象个数，运算符可以分为单目运算符、双目运算符和三目运算符。如表达式 x+y 中+运算有两个运算对象（操作数）x 和 y，因此+运算称为双目运算符。

C 语言的运算符具有不同的优先级和结合性。在表达式中，各运算量参与运算的先后顺序不仅要遵守运算符优先级别的规定，还要受运算符结合性的制约，以便确定是自左向右进行运算还是自右向左进行运算。

1．运算符的优先级和结合性

1）运算符的优先级

运算符的优先级规定了表达式求值时的运算顺序。当多种运算符参与混合运算时，先计算优先级高的运算。在 C 语言中，算术运算符、关系运算符、逻辑运算符的优先级依次降低。记为：

！>算术运算符 > 关系运算符 > && > || > 条件运算符 > 赋值运算符

2）运算符的结合性

需要说明的是，当表达式中的运算符优先级相同时，则按运算符的结合性求解表达式的值。C 语言中各运算符的结合性分为两种，即**左结合性（自左至右）**和**右结合性（自右至左）**。C 语言中大多数运算符都具有左结合性，计算表达式值时是自左至右的方向计算。如表达式 x–y+z，其中 y 应先与–号结合，执行 x–y 运算，然后再执行+z 的运算。而自右至左的结合方向称为“右结合性”。最典型的右结合性运算符是赋值运算符，如 x=y=z，由于=的右结合性，应先执行 y=z 再执行 x=(y=z)运算。**C 语言中的单目运算符、三目运算符具有“右结合性”，这一点请初学者注意记忆。**

2．算术运算符和表达式

算术运算符用于各类数值运算，算术表达式是由算术运算符和括号连接起来的式子，如 a+b。其中算术运算符又分为以下两类。

1）基本的算术运算符

基本的算术运算符包括加（+）、减（–）、乘（*）、除（/）、求余（或称模运算，%），如表 3-4 所示为常用的算术运算符。

表 3-4　常用的算术运算符

类　型	含　义	举　例	结　果
+	正号运算符	+a	a 的值
–	负号运算符	–a	a 的算术负值
+	加法运算符	a+b	a 和 b 的和
–	减法运算符	a–b	a 和 b 的差
*	乘法运算符	a*b	a 和 b 的乘积
/	除法运算符	a/b	a 除以 b 的商
%	求余运算符	a%b	a 除以 b 的余数

需要注意以下几点。

（1）两个实数相除的结果是双精度实数，两个整数相除的结果为整数（舍去小数部分）。如 5/3 的结果为 1。

（2）%运算符要求参加运算的对象为整数，结果也是整数。

2）自增、自减运算符

自增运算符记为++，其功能是使变量的值自增 1。自减运算符记为– –，其功能是使变量值自减 1。自增、自减运算符均为单目运算符，都具有右结合性。自增、自减运算符有以下几种形式。

- ++i（i 自增 1，表达式++i 的值为 i 自增后的结果）。
- – –i（i 自减 1，表达式– –i 的值为 i 自减后的结果）。
- i++（i 自增 1，表达式 i++的值为 i 自增前的结果）。
- i– –（i 自减 1，表达式 i– –的值为 i 自减前的结果）。

在理解和使用上容易出错的是 i++和 i– –。特别是当它们出现在较复杂的表达式或语句中时，常常难以弄清，因此应仔细分析。例如：

```
main(){
1   int i=8;
2   printf("%d ",++i);
3   printf("%d ",--i);
4   printf("%d ",i++);
5   printf("%d ",i--);
6   printf("%d ",-i++);
7   printf("%d ",-i--);
  }
```

运行结果：

```
9 8 8 9 -8 -9
```

程序分析如下。

++i 表示 i 先自增后输出 i 的结果，i++表示先输出变量 i 的结果后 i 自增。首先，i 的初值为 8，++i 后输出结果为 9，第 3 行减 1 后输出结果为 8；第 4 行 i++表示输出 i 为 8 之后再加 1，此时 i 的值为 9；第 6 行输出–8 之后再加 1，此时 i 的值为 9。

3．关系运算符与表达式

1）关系运算符

比较两个值的运算符称为关系运算符。C 语言中有六种关系运算符，如表 3-5 所示。

表 3-5　C 语言关系运算符

符　号	含　义	优 先 级
<	小于	高
<=	小于或等于	高
>	大于	高
>=	大于或等于	高
==	等于	低
!=	不等于	低

其中前 4 种关系运算符（<，<=，>，>=）的优先级别相同，后 2 种也相同。如 a==b<c 等效于 a==(b<c)，因为运算符<的优先级高于相等运算符==。

2）关系表达式

用关系运算符将两个表达式连接起来的式子，称为关系表达式。例如，以下的关系表达式都是合法的：a>b，(a=1)<(c=2)，'a'>'b'等。

关系表达式的值是逻辑值“真”或“假”，关系表达式求解时，以 1 代表“真”，以 0 代表“假”。当关系表达式成立时，表达式的值为 1，否则表达式的值为 0。特别需要注意的是，同一个关系表达式，在 C 语言中的结果可能与数学中的理论值不一致。例如，有“int a=3, b=2, c=1;”，那么关系表达式 f = a>b>c 的结果是什么呢？在 C 语言中，关系运算符的结合性是自左向右的，对于关系表达式 a>b>c，先计算 a>b 的值，结果为 1；接下来计算 1>c 的结果，显然关系表达式 1>c 的结果为 0，所以整个关系表达式 a>b>c 的结果为 0。这一结果与数学中的理论值不一样，因为关系表达式 a>b>c 的数学理论值为 1（真）。

4．逻辑运算符与表达式

1）逻辑运算符

逻辑运算符用于逻辑运算。C 语言中有 3 种逻辑运算符，包括逻辑与（&&）、逻辑或（||）、逻辑非（!）三种。C 语言逻辑运算符的性质见表 3-6。

表 3-6　逻辑运算符的性质

运 算 符	含　义	结 合 性	优 先 级
&&	逻辑与	自左至右	中
||	逻辑或	自左至右	低
!	逻辑非	自右至左	高

三种逻辑运算的“真值表”如表 3-7 所示。

表 3-7　逻辑运算的真值表

a	b	!a	!b	a&&b	a‖b
真	真	假	假	真	真
真	假	假	真	假	真
假	真	真	假	假	真
假	假	真	真	假	假

表 3-7 表示了当 a 和 b 取真值和假值时，三种逻辑运算的结果。其中逻辑与“&&”和逻辑或“‖”是双目运算符，要求必须有两个运算对象，如 a&&b、a‖b。而逻辑非（!）是单目运算符，只有一个运算对象，如！a 和！b。

2）逻辑表达式

逻辑表达式是指用逻辑运算符将关系表达式或逻辑对象连接起来的式子，如 5>3 ‖ 8<10、a&&b、1&&8。逻辑表达式的值为逻辑“真”或逻辑“假”。实际上，逻辑运算符两侧的运算对象不但可以是 0 和 1，或者是 0 和非 0 整数，也可以是字符型、浮点型等纯量型数据。C 语言规定，以非 0 为“真”值，以 0 为“假”值。如表达式 4&&0‖2，由于&&优先级高于‖，则先计算 4&&0，结果为 0，然后计算 0‖2，结果为 1。

5．赋值运算符与表达式

1）赋值运算符和表达式

赋值运算符用来实现赋值，即将一个数据赋给一个变量，赋值运算符记为=。赋值表达式的格式如下：

<变量><赋值运算符><表达式>

其作用为将赋值符右边表达式的值赋给赋值符左边的一个变量。如程序 3-02 的 sum = price*amount 中的=即为赋值运算符，作用是将 price*amount 的值赋给变量 sum。赋值运算符的优先级较低，并且赋值运算符具有右结合性。

2）复合赋值运算符

在赋值符=之前加上其他运算符，可以构成复合的运算符。如果在=前加一个*，运算符就成了复合运算符*=。常用的复合赋值运算包括：

+=、−=、*=、/=、%=、<<=、>>=、&=、^=、|=

例如：a+=3 等价于 a=a+3，x*=y+8 等价于 x=x* (y+8)，x%=3 等价于 x= x%3。

其中 a+=3 相当于使 a 进行一次自加 3 的操作，即先使 a 加 3，再赋给 a。同样，x*=y+8 的作用是使 x 乘以(y+8)，再赋给 x。

3）自动类型转换

当赋值运算符两边的数据类型不相同时，系统将自动进行类型转换，即把赋值号右边的类型换成左边的类型。具体规定如下。

（1）将实型（包括单、双精度）赋给整型，舍去小数部分。如 int a=3.8，此时 a 的值为 3。

（2）将整型赋给实型，数值不变，但以浮点形式存放，即增加小数部分（小数部分的值为 0）。如“float f; f=10;”先将整数 10 转换成实数 10. 0，再按单精度浮点形式存储在变量 f 中。

（3）将一个 double 型数据赋给 float 变量时，先将双精度数转换为单精度数，即只取 6 位有效数字，存储到 float 变量的 4 字节中。

（4）将一个 float 型数据赋给 double 变量时，数值不变，在内存中以 8 字节存储，有效位数扩展到 15 位。

（5）字符型数据赋给整型变量时，将字符的 ASCII 码值赋给整型变量。例如“i='A';”其中 i 为整型变量，由于'A'字符的 ASCII 码值为 65，因此赋值后 i 的值为 65。

（6）将整型赋给字符型，只把低八位赋给字符量。

例如：

```
int i= 289;
char b='a';
b=i;
```

最后 b 的值为 33，如果用%c 输出 b，将输出字符!（其 ASCII 码值为 33）。

从上述可知，**当赋值运算符两边的数据类型不相同时，系统自动进行类型转换后，可能会造成精度损失，为了避免这种情况，尽量保证赋值运算符两边的数据类型一致。**

6．条件运算符与表达式

C 语言中条件运算符为?:，它是 C 语言中唯一一个三目运算符，要求有三个操作对象。条件运算符由两个符号（?和:）组成，必须一起使用。

C 语言中条件表达式由条件运算符组成，条件表达式的一般格式如下：

```
表达式 1?表达式 2:表达式 3
```

运算过程为：若表达式 1 的结果为真（非 0）时，表达式 2 的计算结果作为条件表达式的值；否则，取表达式 3 的计算结果为条件表达式的值。例如：

```
int a=3,b=5;
max=(a>b) ? a :b;
```

条件表达式 a>b?a:b 说明若表达式 a>b 成立时，整个表达式的值为 a，否则整个表达式的值为 b。这里 a 的值为 3，b 的值为 5，则最后表达的值为 5，也就是 max 的值为 5。这条语句的目的是求两个变量的较大值。

7．逗号运算符与表达式

逗号运算符是指在 C 语言中，多个表达式可以用逗号分开，其中用逗号分开的表达式的值分别计算，但整个表达式的值是最后一个表达式的值。逗号表达式的格式如下：

```
表达式 1,表达式 2,表达式3,…表达式 n
```

逗号表达式的值为表达式 n。

如“a=(++b,c--,d+3);”，其中“(++b,c--,d+3)”为逗号表达式，该逗号表达式的值为 d+3，也就是说 a=d+3。

3.2.4 输入/输出

所谓输入 / 输出是以计算机为主体而言的，从计算机向输出设备（显示器）输出数据称为输出，从输入设备（键盘）向计算机输入数据称为输入。C 语言不提供输入 / 输出语句，所有的数据输入 / 输出操作都是由库函数完成的。为了使用输入/输出库函数达到输入 / 输出数据的目的，需用文件预处理指令#include 把所需要的头文件 stdio.h 包含到本程序中，其中 stdio.h 头文件中包含了所需的输入 / 输出函数的信息。使用预处理指令的方式有以下两种：#include <stdio.h> 或 #include "stdio.h"。

常用的输入 / 输出语句如表 3-8 所示。

表 3-8　常用的输入 / 输出语句

常用的输入 / 输出语句		含　义
输出语句	printf()	按用户指定的格式，把指定的数据显示到显示器屏幕上
	putchar()	字符输出函数，在显示器上输出单个字符
	puts()	向标准输出设备（屏幕）输出字符串并换行
输入语句	scanf()	格式输入函数，按用户指定的格式从键盘上把数据输入到指定的变量中
	getchar()	字符输入函数，从键盘上输入一个字符
	gets()	读取字符串函数，可以无限读取，以回车结束读取

1．输出语句

1）putchar()函数

putchar()函数是字符输出函数，其功能是在显示器上输出单个字符。请注意，putchar()函数仅能输出字符数据，且一次只能输出一个字符。

其一般形式如下：

```
putchar(字符变量)
```

例如：

putchar('A');　　　　（输出字符 A）
putchar(x);　　　　　（输出字符变量 x 的值）
putchar('\101');　　　（输出字符 A）
putchar('\n');　　　　（换行）

注意：对控制字符则执行控制功能，不在屏幕上显示。

2）printf()函数

printf()函数称为格式输出函数，其功能是按用户指定的格式，把指定的数据显示到显示器屏幕上。在前面的程序中已多次使用过这个函数。

printf()函数的一般形式如下：

```
printf("格式控制字符串", 参数1, 参数2, 参数3, …, 参数n)
```

其中格式控制字符串用于指定输出格式，格式控制字符串可由格式声明和普通字符串组成。

格式声明由%后跟一个格式字符组成，用来说明输出数据的类型、形式、长度、小数位数等。如%d 表示按十进制整型输出，%ld 表示按十进制长整型输出，%c 表示按字符型输出等。printf()函数中常用的格式字符见表 3-9。

表 3-9　printf()函数中常用的格式字符

格式字符	功　能
d	以带符号的十进制形式输出整数（正数不输出符号）
o	以八进制无符号形式输出整数（不输出前导符 0）
x	以十六进制无符号形式输出整数（不输出前导符 0x）
u	以无符号十进制形式输出整数
c	以无符号形式输出，只输出一个字符
f	以无符号形式输出，输出字符串
e	以小数形式输出单、双精度数，隐含输出 6 位小数
g	以标准指数形式输出单、双精度数，数字部分小数位数为 6 位

在格式声明中，在%和格式字符中间可插入 l、m、n 等格式附加符号，格式附加符号说明如下。

（1）指定域宽，用%md。

实际上，可以在格式声明中指定输出数据的域宽（所占的列数），如用%5d，指定输出数据占 5 列。如

```
printf(" %5d\n%5c\n" ,20, 'a');
```

运行结果：

```
20   (20前面有3个空格)
a    (a前面有1个空格)
```

（2）长整型数据输出，用%ld 或%lld。

若输出 long（长整型）数据，在格式符 d 前加字母 l（代表 long），即%ld。若输出 long long（双长整型）数据，在格式符 d 前加两个字母 ll（代表 long long），即%lld。

（3）指定数据宽度和小数位数，用%m.nf。

使用%f 可以控制浮点数的输出，如果不指定输出数据的长度，则系统会将实数中的整数部分全部输出，小数部分输出 6 位。因此可以指定浮点数输出的数据宽度和小数位数。

例如：

```
printf(" %74An" ,1.0/3)
```

运行结果：

```
0.3333
```

注意：用%f 输出时要注意数据本身能提供的有效数字，如 float 型数据的存储单元，只能保证 6 位有效数字；double 型数据能保证 15 位有效数字。

输出表列中给出了各个输出项，要求格式控制字符串和各个输出项在数量和类型上应该一一对应。

2．输入语句

1）getchar()函数

getchar()函数的功能是从键盘上输入一个字符。其一般形式如下：

```
getchar();
```

通常把输入的字符赋给一个字符变量，构成赋值语句，如：

```
char c;
c=getchar();    //从键盘接收一个字符，存放到字符变量c中
```

要注意的是，getchar()函数没有参数，getchar()函数只能接收一个字符。如果想输入多个字符就要用多个 getchar()函数。

2）scanf()函数

scanf()函数称为格式输入函数，即按用户指定的格式从键盘上把数据输入到指定的变量中。scanf()函数的一般形式如下：

```
scanf("格式控制字符串", 地址表列);
```

格式控制字符串：与 printf()函数相同，分为格式声明和普通字符。其中，格式说明和 printf()函数类似，由%后跟一个格式字符组成，中间可插入 l、h、m、*等几个附加字符。

地址表列：地址表列中给出各变量在内存中分配的地址，由地址运算符&后跟变量名组成。例如，&a 和&b 分别表示变量 a 和变量 b 的地址，scanf()函数在本质上也是给变量赋值，但要求写变量的地址。例如：

```
scanf("a=%ld,b=%f",&a,&b);
```

“a=%ld,b=%f”是格式控制字符串，“%ld”表示输入的值为长整型数据。而&a、&b 是地址表列，也就是说从键盘中获得的值分别赋值给变量 a 和 b。

表 3-10 和表 3-11 分别列出了 scanf()函数所用的格式字符和格式附加字符。它们的用法和 printf()函数中的用法差不多。

表 3-10　scanf()函数中常用的格式字符

格式字符	功　　能
d	输入十进制整数
o	输入八进制整数
x、X	输入十六进制整数
c	输入单个字符
s	输入字符串
f	输入实数，可以用小数形式或指数形式输入
e、E、g、G	与 f 作用相同，e 与 f 可以互相替代

表 3-11　scanf()函数中用到的格式附加字符

格式附加字符	功　　能
l	用于输入长整型数据，可加在格式符 d、o、x、f、e 前面
h	用于输入短整型数据（可用%hd、%ho、%hx）
m（一个正整数）	指定输入数据所占宽度
*	表示本输入项在读入后不赋给相应的变量

scanf()函数使用注意事项如下。

（1）scanf()函数后面的地址表列是变量的地址，而不是变量名。这一点需要和 printf()函数的输出表列区分。例如，下面的语句是初学者常犯的错误：

```
scanf("%f%f",a,b); //错误语句，应该将“a,b”改为“&a,&b”
```

（2）输入多个数值型数据时，若格式控制字符串中无普通字符或者有一个或多个空格时，输入多个数值之间要插入空格或回车，例如：

```
scanf("%d%d",&a,&b);
```

或者

```
scanf("%d ⊔ %d",&a,&b);
```

输入时要在两个数值间插入空格或者回车，如输入：2⊔3 或者 2↙ 3↙。

（3）输入多个数值型数据时，若格式控制字符串中有普通字符或其他符号（如逗号、分号等），则输入数据时也要对应输入这些字符。例如：

```
scanf("a=%d;b=%d",&a,&b);
scanf("a=%d,b=%d",&a,&b);
```

则输入数据时应输入：

```
a=1;b=2  //注意不要漏掉“a=”、“b=”和 “;”
a=1,b=2  //注意不要漏掉“a=”、“b=”和 “,”
```

（4）输入多个字符型数据时，若格式控制字符串中无普通字符或者有一个或多个空格时，则输入多个字符之间不要插入空格或其他分隔符。例如：

```
scanf("%c%c",&c1,&c2);
```

或者

```
scanf("%c ⊔ %c",&c1,&c2);
```

输入时则不需要插入空格，因为空格也是字符。因此应输入：

```
ab（字符a和字符b）
```

或者

```
a ↙ b ↙
```

（5）输入多个字符型数据时，若格式控制字符串中有普通字符或其他符号（如逗号、分号等），则输入多个字符之间也要对应输入这些字符。例如：

```
scanf("c1=%c,c2=%c",&c1,&c2);
```

则输入数据时应输入：

```
c1=a,c2=b  //注意不要漏掉"c1="、","和"c2="
```

（6）当输入多种类型数据时，应该严格按照格式控制符规定的类型输入数据，否则会出错。例如，“scanf("%d%c%f" , &a, &b, &c);”是一个混合数据类型的输入例子，分别输入整型类型数据（%d）、字符型数据（%c）和浮点型数据（%f）。

此时，若从键盘键入：

```
n20a1.7
```

由于第一个数据对应%d 格式，但是输入的第一个数据却不是整数，而是输入了一个字符'n'。C 语言规定，%d 格式遇到空格、回车、Tab 键或非法字符（不属于数值的字符）时，认为该数据结束。因此系统会直接结束输入，最后变量 a、b、c 仍为原来的初始值。因此正确的输入可以是：

```
20a1.7
```

此时变量 a 为 20，变量 b 为'a'，变量 c 的值为 1.7。如果这里的输入用空格分隔开，即 20␣a␣1.7，那么变量 a 为 20，变量 b 为␣，变量 c 的值就为 1.7，请注意␣也是字符数据。

综上分析，使用 scanf()函数时，要特别注意需要严格按照格式控制进行数据的输入。

3.3 简单的选择结构

在顺序结构中，各语句按自上而下的顺序执行，即执行完上一条语句就自动执行下一条语句。实际上，很多情况下需要根据某个条件是否满足来决定是否执行指定的操作，或者从给定的两种或多种操作中选择其一，这就是选择结构要解决的问题。选择结构分为简单选择结构和复杂选择结构。本节主要介绍简单选择结构。

3.3.1 if 语句

if 语句是 C 语言提供的一个实现选择结构的语句之一。程序 3-05 展示了如何用 if 语句实现根据某个条件是否满足来决定是否执行指定的操作。

```
/************************************************
程序编号：3-05
程序名称：3个数排序
程序功能：用户输入3个整数，按照从小到大的顺序输出
程序输入：输入3个整数
程序输出：从小到大顺序输出3个整数
************************************************/
1    #include<stdio.h>
2    int main()
3    {
4      int x, y, z, t;                         //定义整型变量x、y、z、t
5      printf("Please input 3 numbers: "); //调用printf()函数，实现屏幕上输出提示语
```

```
6      scanf("%d%d%d",&x, &y, &z);          //调用scanf()函数，实现从键盘输入3个整数
7      if (x>y)
8      {  t=x;  x=y;  y=t;  }     //交换x、y的值
9      if (x>z)
10     {  t=z;  z=x;  x=t;  }     //交换x、z的值
11     if (y>z)
12     {  t=y;  y=z;  z=t;  }     //交换y、z的值
13     printf("\nsmall to big: %d %d %d\n",x,y,z);
14     return 0;
15   }
```

```
if条件语句的一般形式：
if（表达式）
  {    语句或语句块
  }
```

运行结果如图 3-10 所示。

```
Please input 3 numbers: 82 -8 73

small to big: -8 73 82

--------------------------------
Process exited after 7.486 seconds with return value 0
请按任意键继续. . .
```

图 3-10　程序 3-05 的运行结果

程序分析如下。

1．if 语句

if 语句是用来实现两个分支的选择结构。当需要根据某个条件来决定是否执行指定的操作任务时，就可以考虑采用 if 语句实现。if 语句的一般形式如下：

```
if（表达式）
{
    语句或语句块
}
```

if 语句一般形式中一对大括号“{ }”里的语句可以是一条语句，也可以是多条语句（称为语句块）。如果只有一条语句，则可以省略大括号“{ }”。

if 语句的执行过程如图 3-11 所示，当表达式为“真”时，执行 if 语句中大括号“{ }”里的语句；当表达式为“假”时，则跳过大括号“{ }”里的语句，继续执行 if 语句之后的语句。

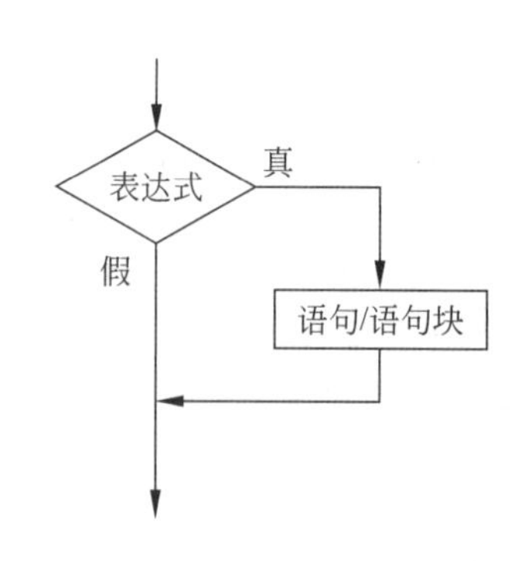

图 3-11　if 语句的执行过程

程序 3-05 的第 7、8 行，第 9、10 行以及第 11、12 行分别是 3 个 if 语句。执行第 1 个 if 语句后，变量 x 存放的是 x 与 y 中较小的数；执行第 2 个 if 语句后，变量 x 存放的是 x 与 z 中较小的数。此时的变量 x 存放的是 x、y 和 z 中最小的数；经过第 3 个 if 语句，变量 y 存放的是 y 和 z 中较小的数。至此 3 个数的大小比较结束。

2．两个变量的值互换

程序 3-05 的第 8 行语句块“{t=x; x=y; y=t;}”中的语句

目的是实现 x 与 y 变量的值的互换。如图 3-12 所示，为了实现互换，必须使用第 3 个变量 t。可以这样理解，变量 x 与 y 为两个装满水的杯子 A 和 B，两个装满水的杯子无法实现互换水，因此只能借助一个空杯子 C（变量 t），先将 A 杯子中的水倒入 C 中，然后将 B 杯子中的水倒入 A 中，最后再将 C 杯子中的水倒入 B 杯中，这样就实现了 A、B 杯子中水的互换，也就是变量 x 与 y 值的互换。同理，程序 3-05 的第 10、12 行语句块也实现了两个变量值的互换功能。**实现两个数值的互换是经常用到的功能，请读者熟记这一功能的语句。**

程序 3-05 的流程如图 3-13 所示，请读者自行将流程图和代码对照阅读。

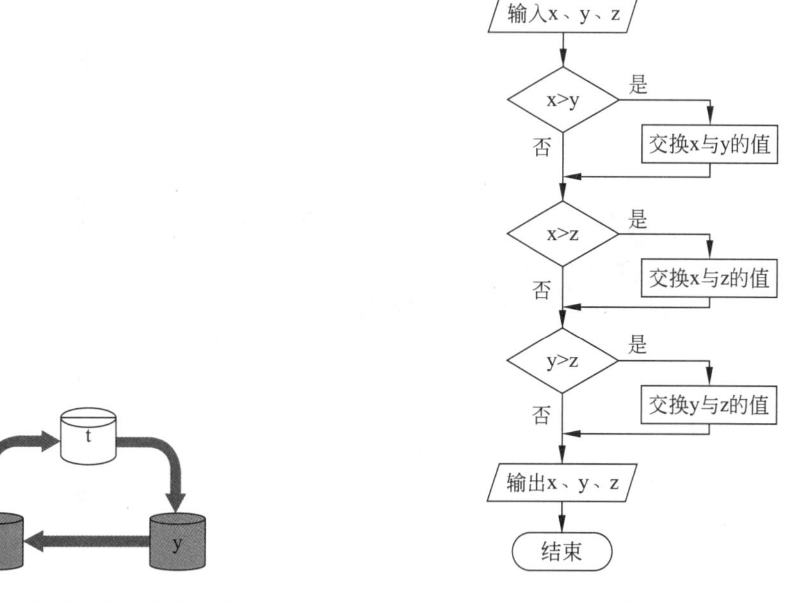

图 3-12　变量 x 与 y 值的互换

图 3-13　程序 3-05 的流程

小练笔

请读者仿照程序 3-05 编写一段程序，实现用户输入 3 个字符，并按照字母顺序输出这 3 个字符。

小练笔 3.3.1

3.3.2　if…else 语句

if 语句除了可单独使用实现选择结构，还可以和 else 搭配使用，实现二分支的选择结构，如程序 3-06 所示。

```
/***********************************************
程序编号：3-06
程序名称：判断奇偶数
程序功能：判断用户输入的整数是奇数还是偶数
程序输入：输入一个正整数
程序输出：输出用户输入的正整数是奇数还是偶数
```

```
*********************************************************/
1    #include<stdio.h>
2    int main()
3    {
4      int num;
5      printf("Enter an integer you want to check: ");  //屏幕输出提示语
6      scanf("%d",&num);           //键盘获得值存入num变量空间
7      if (num%2==0)               //判断奇偶数
8         printf("%d is even.",num);
9      else
10        printf("%d is odd.",num);
11     return 0;
12    }
//*******************************************************
```

```
条件语句的一般形式：
if （表达式）
   语句块1
else
   语句块2
```

运行结果如图 3-14 所示。

```
Enter an integer you want to check: 4
4 is even.
--------------------------------
Process exited after 2.718 seconds with return value 0
请按任意键继续. . .
```

图 3-14　程序 3-06 的运行结果

程序分析如下。

if…else 语句也是 if 语句的一种，其一般形式为

```
if （表达式）
    语句1或语句块1
else
    语句2或语句块2
```

if…else 语句的含义是，如果表达式的值为真，则执行语句 1，否则执行语句 2。其中语句 1 和语句 2 也可以是由一对大括号“{ }”构成的多条语句，即语句块。if…else 语句的执行流程如图 3-15 所示。

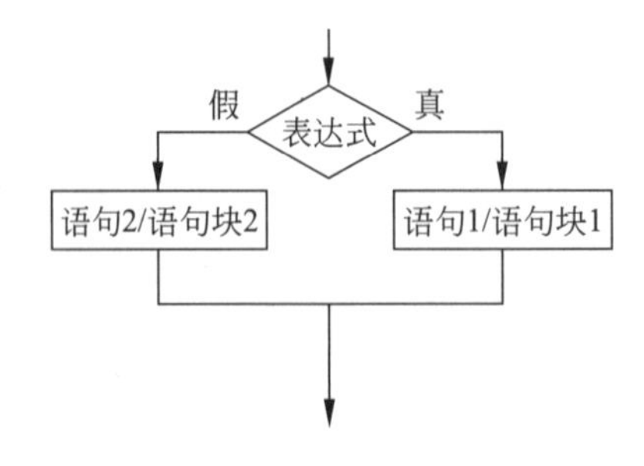

图 3-15　if…else 语句的执行流程

程序 3-06 的第 7～10 行为一个 if…else 语句，其中 num%2==0 为条件表达式，若该表达式的值为真，则执行语句“printf("%d is even.",num);”，否则执行 else 关键词下的语句

“printf("%d is odd.",num);”，执行流程如图 3-16 所示。其中条件表达式 num%2==0 若为真，说明关系运算符==左右两边的值相等，也就意味着算术表达式 num%2 的值为 0，即 num 为偶数。

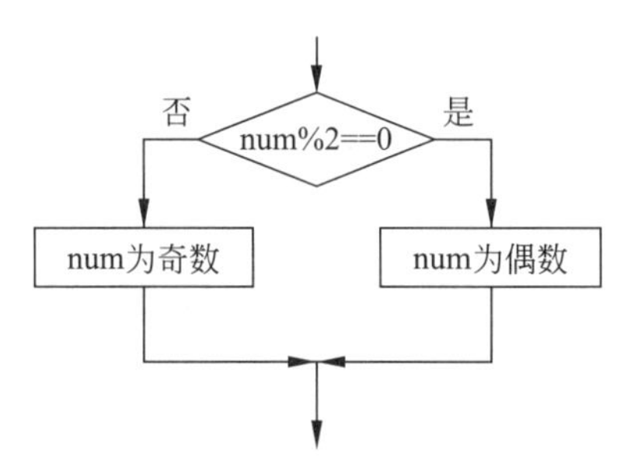

图 3-16　if…else 语句的执行流程

小练笔

小练笔 3.3.2

请读者仿照程序 3-06 编写一段程序，实现输入一个整数，判断输入的是正数还是负数。

表 3-12 分别展示了 if 语句和 if…else 语句的语法结构的一般形式和流程图。

表 3-12　条件语句总结

条件语句	语法结构一般形式	流　程　图
if 语句	**if（表达式） { 语句或语句块 }**	表达式；真：语句/语句块；假

if…else 语句	**if（表达式）
	{
	语句 1 或语句块 1
	}
	else
	{
	语句 2 或语句块 2
	}**
		表达式；假：语句2/语句块2；真：语句1/语句块1

使用条件语句时，需要注意以下内容。

（1）整个 if 语句可以写在多行上，也可以写在一行上，如：

```
if (x>0) y=1; else y=-1;
```

但为了程序更易理解，提倡写成锯齿形式。

（2）注意 else 子句不能作为语句单独使用，它必须是 if 语句的一部分，与 if 配对使用。

（3）“语句 1”“语句 2”可以是一个简单的语句，也可以是一个包括多条语句的复合语句。

注意：复合语句应当用花括号括起来。

（4）if 后面的表达式可以是赋值表达式，甚至可以是一个变量。例如，if(a=5)和 if(b)都是允许的，只要表达式的值为非 0，即为“真”。

3.4 简单的循环结构

循环结构是程序中一种很重要的结构。其特点是：在给定条件成立时，反复执行某程序段，直到条件不成立为止。给定的条件称为循环条件，反复执行的程序段称为循环体。C 语言提供了多种循环语句，可以组成各种不同形式的循环结构。下面将具体介绍 C 语言的三个循环语句：for 语句、while 语句和 do…while 语句。

3.4.1 for 语句

for 语句是 C 语言提供的一种非常灵活的实现循环结构的语句。程序 3-07 通过求解完全平方数向读者详细介绍 for 语句的用法。

```
/*************************************************
程序编号：3-07
程序名称：完全平方数
程序功能：输出10万以内所有满足条件的整数，该整数加上100后是一个完全平方数，再加上168又是一个完全平方数（如果一个正整数 a 是某一个整数 b 的平方，即a=b×b，那么这个正整数 a 叫作完全平方数）
程序输入：无
程序输出：输出10万以内的满足条件的整数
*************************************************/
1  #include<stdio.h>
2  #include<math.h>        //预处理命令，包含math.h头文件
3  int main()
4  {
5    long int i,x, y, z;
6    for (i=1; i<100000; i++)  //for循环开始
7    {
8     x=sqrt(i+100);          //x为i加上100
                              //开方后的结果
9     y=sqrt(i+268);          //y为i再加上168
                              //开方后的结果
10    if (x*x==i+100 && y*y==i+268)
11    printf("\n%ld\n",i);
12   }                        //for循环结束
13   return 0;
14 }
```

```
循环语句的一般形式：
for (表达式1;表达式2;表达式3)
{
  语句1;
  语句2;     } 循环体
  …
  语句n
}
```

运行结果如图 3-17 所示。

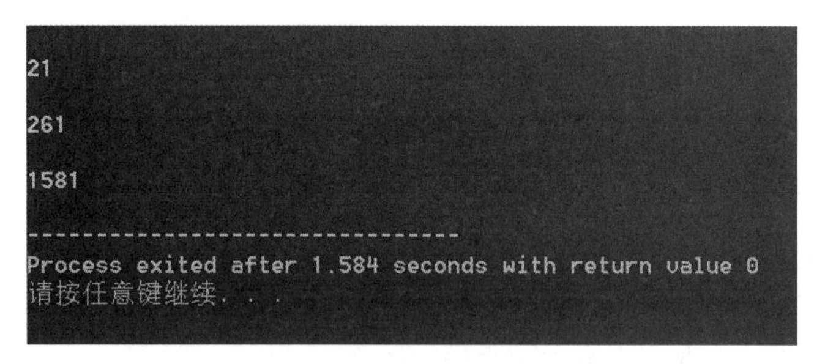

图 3-17　程序 3-07 的运行结果

程序分析如下。

1．长整型变量

题目要求输出 10 万以内所有满足条件的整数。10 万是一个非常大的数值，基本整型 int 在内存中只占 2 字节，即取值范围为 $-2^{15} \sim 2^{15}-1$。而程序 3-07 中的 for 循环变量 i 的最大取值为 99999，超出了 int 的最大取值范围。因此，为了防止数据“溢出”，程序 3-07 的第 5 行定义了 4 个 long int 变量 i、x、y、z。

实际上，在定义变量时，要注意数据类型的取值范围，合理地设计变量的数据类型，防止变量的数据超出取值范围而出现数据“溢出”的情况。

2．sqrt()函数

sqrt()函数为平方根函数，功能是计算一个非负实数的平方根。sqrt()函数定义在 math.h 头文件中。因此，如果程序中需要调用 sqrt()函数实现求一个数的平方根，那么需要在 main()函数前写“#include <math.h>”，这时就可以运行程序 3-07 的第 8 行语句“x=sqrt(i+100);”，否则程序无法识别 sqrt()函数，从而编译报错。第 8 行语句的作用是，求变量 i 加 100 后开平方根的结果，并将该结果赋值给变量 x，变量 x 空间存放平方根结果。

3．逻辑运算符与表达式

程序 3-07 的第 10 行“if (x*x==i+100 && y*y==i+268)”是一条 if 语句。为了执行这条 if 语句，先要判断括号内的表达式的值。这个表达式比较复杂，含有多种运算符，计算顺序是什么呢？这由运算符的优先级别决定。算术运算符优先级高于关系运算符优先级，关系运算符优先级又高于逻辑运算符优先级。因此表达式“x*x==i+100 && y*y==i+268”的计算过程如下。

（1）计算 x*x 和 i+100 的值。

（2）判断 x*x 和 i+100 的值是否相等。同理，计算 y*y 和 i+268 的值，然后判断两者是否相等。

（3）计算逻辑表达式的值，若表达式“x*x==i+100”和表达式“y*y==i+268”的值都为 0，则整个表达式的值为 0；若表达式“x*x==i+100”和表达式“y*y==i+268”的值为 1，则整个表达式的值为 1。

4．for 语句

循环结构的主要作用是在给定条件成立时，反复执行某程序段，直到条件不成立为止。给定的条件称为循环条件，反复执行的程序段称为循环体。

for 循环语句是功能很强，使用较为广泛的一种循环结构。其一般形式为

```
for(表达式 1;表达式 2;表达式 3;)
    {
        语句或语句块;
    }
```

其中，表达式 1 为循环初始条件，为变量设置初值，只执行一次；表达式 2 为循环条件表达式，用来判断是否继续执行循环；表达式 3 为循环变量的增量，它在执行完循环体（语句块）后才进行。for 循环语句的执行流程如图 3-18 所示。

程序 3-07 的第 6～12 行是一个 for 循环，整个执行过程如下。

（1）计算表达式 i=1，将 1 赋值给变量 i，只执行一次。

（2）求解表达式 i<10000，此时表达式 i<10000 的值为真，执行语句块。

（3）执行完语句块的语句后，求解表达式 i++，变量 i 自增 1。转回步骤（2）继续执行，直到表达式 i<10000 不成立，直接退出循环。

程序 3-07 第 6～12 行的 for 循环语句的执行流程如图 3-19 所示。

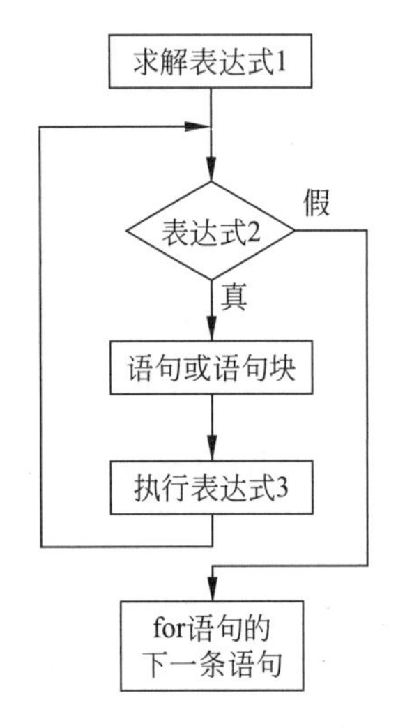

图 3-18　for 循环语句的执行流程

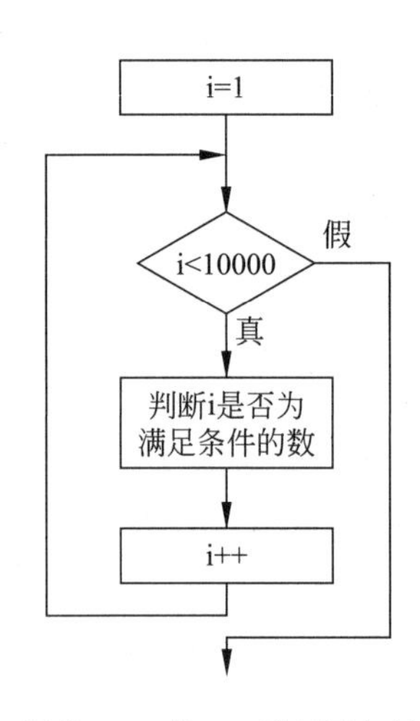

图 3-19　程序 3-07 的 for 循环语句的执行流程

5．for 语句的灵活运用

前面已经介绍了 for 语句中三个表达式的作用。实际上，这三个表达式都可以缺省，下面展示了 for 语句中，三个表达式缺省后表达的含义。

（1）若表达式 1 缺省，则从表达式 2 开始执行。例如：

```
int i=0,sum=0;
for(;i<=100;i++)
      sum=sum+i;
```

表达式 1 的作用是为变量设置初值，只执行一次。上述例子省略了表达式 1，因此需要在 for 循环之前定义变量 i 并且赋初值。

（2）若表达式 2 缺省，则认为表达式 2 始终为真，循环无终止地执行。例如：

```
for(i=1; ;i++)
      sum=sum+i;
```

表达式 2 为循环条件表达式，用来判断是否继续执行循环。这里缺省了表达式 2，因此无法结束循环，循环就会无终止地执行。

（3）若表达式 3 缺省，则循环变量不改变，也会陷入死循环。例如：

```
for(i=1;i<=100;)
{
      sum=sum+i;
      i++; //为了不陷入死循环，增加i++语句，控制循环变量i
}
```

表达式 3 为循环变量的增量，它在执行完循环体（语句块）后才进行。如果缺省表达式 3，则循环变量 i 的值不会改变，导致陷入死循环。通常这个时候可以在循环体语句块中加上“i++;”，用于控制循环变量 i 的递增。

（4）表达式 1、表达式 2 同时缺省。例如：

```
for(;i<=100;)
{
       sum=sum+i;
       i++;
}
```

此时的 for 循环可以直接用 while 循环代替：

```
while(i<=100)
{
    sum=sum+i;
    i++;
}
```

此外，要注意的是，for 语句的三个表达式可以同时缺省，即语句“for (; ;);”也是存在的，但是这样循环会无终止地执行下去，这样的循环语句是没有意义的。

小练笔

请读者仿照程序 3-07 编写一段程序，实现输出所有的“水仙花数”。“水仙花数”是指一个三位数，其各位数字的立方和等于该数本身。例如,153 是一个“水仙花数”，因为 $153=1^3+5^3+3^3$。

小练笔 3.4.1

3.4.2 while 语句

除了 for 语句，C 语言还提供了另一种实现循环结构的语句——while 语句，其用法如程序 3-08 所示。

```
/***********************************************
程序编号：3-08
程序名称：统计字符个数
程序功能：键盘输入一行字符，统计并在屏幕上显示字符个数
程序输入：一行字符
程序输出：字符个数
***********************************************/
1    #include<stdio.h>
2    int main()
3    {
4      int n=0;
5      printf("input a string:\n");
6      while(getchar()!='\n')
7         n++;
8      printf("%d", n);
9      return 0;
10   }
```

```
循环语句的一般形式：
while (表达式)
{
  语句1;
  语句2;        循环体
  …
  语句n
}
```

运行结果如图 3-20 所示。

```
input a string:
hello world!
12
--------------------------------
Process exited after 10.28 seconds with return value 0
请按任意键继续. . .
```

图 3-20　程序 3-08 的运行结果

程序分析如下。

1．getchar()函数说明

getchar()函数的作用是从键盘获取一个字符，getchar()函数只能接收单个字符。getchar()函数和 scanf()函数一样定义在 stdio.h 头文件中，因此使用时必须包含文件 stdio.h，即需要在源程序的头部写#include <stdio.h>或#include "stdio.h "，两者的差别在于：#include < >引用的是编译器的类库路径里面的头文件；#include" " 引用的是程序目录路径中的头文件。当在程序目录中未找到该头文件，则会继续在编译器的类库路径中寻找该头文件。例如，使用#include "stdio.h"时，系统先在项目的当前目录中寻找 stdio.h 这个头文件，若在该目录下没有找到 stdio.h 头文件，它会继续定位到编译器的类库路径里寻找 stdio.h 头文件。因此，一般是引用自己写的一些头文件时使用#include" "，引用系统头文件时用#include < >。

程序 3-08 的第 6、7 行是 while 循环语句，其循环条件中，使用了 getchar()函数。表达式“getchar()!='\n'”的含义为从键盘获取一个字符，若该字符不为'\n'（'\n'表示换行符，也就是在键盘上按 Enter 键时返回的字符），此时表达式值为真，则执行 while 循环体语句；若从键盘获取一个字符为'\n'，表达式值为假，则跳出 while 循环体，继续执行下一条语句，即 while 循环语句之后的第 8 行语句。

2．while 语句

while 语句和 for 语句一样可以用来实现循环结构。while 语句的一般形式为

```
while(表达式)
{
      语句或语句块;
}
```

其中，“语句或语句块”即为循环体；表达式是循环条件表达式，用来控制执行循环体的次数。while 语句的含义为只要当循环条件表达式为真，就执行循环体语句。while 语句的执行流程如图 3-21 所示。

程序 3-08 的第 6、7 行为 while 循环的一般形式，其中“getchar()!='\n'”为循环条件表达式，执行流程为当表达式“getchar()!='\n'”为真，即用户输入非换行符'\n'时，执行语句 n++，变量 n 的值自增 1，直到用户从键盘输入换行符才结束循环。这里 while 循环的目的是统计用户输入的字符的个数。该 while 语句的执行流程如图 3-22 所示。

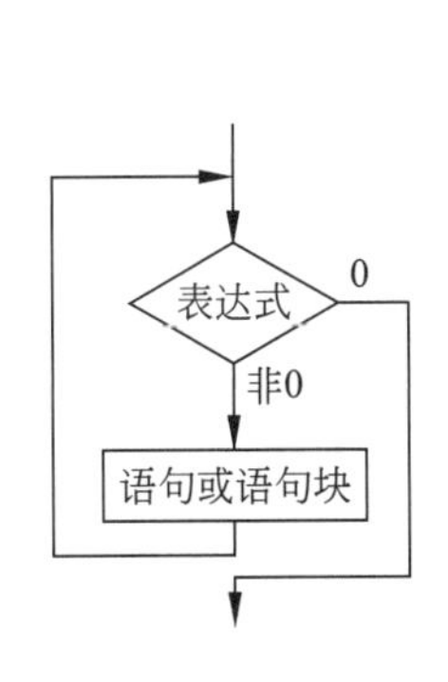

图 3-21　while 语句执行流程

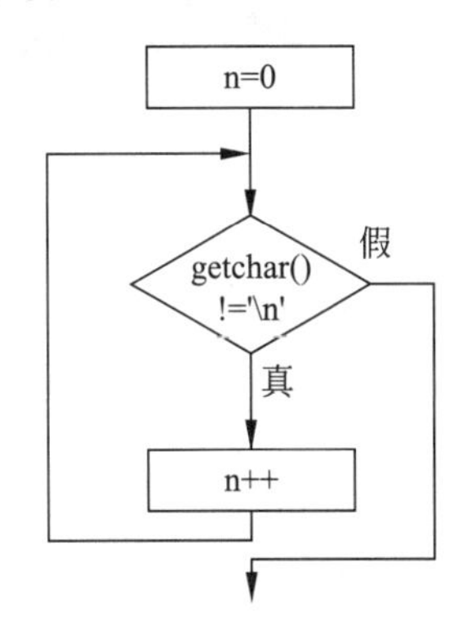

图 3-22　while 语句的执行流程

小练笔

1. 请读者试用 for 语句改写程序 3-08。
2. 使用 while 语句实现 1+2+3+…+99+100。

3.4.3　do…while 语句

do…while 语句的用法如程序 3-09 所示。

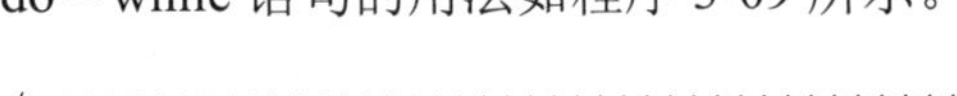

```
/************************************************
程序编号：3-09
程序名称：求累加和
程序功能：计算式子1^2+2^2+3^2+…+10^2的值
程序输入：无
程序输出：式子的值
************************************************/
1  #include<stdio.h>
2  int main()
3  {
```

```
4     int sum=0, i=1; //循环次数变量i，累加和变量sum
5     do{
6         sum=sum+i*i;
7         i++;
8       }while (i<=N) ;
9     printf("sum=%d\n",sum);
10    return 0;
11  }
```

循环语句的一般形式：

```
do
{
  语句1;
  语句2;      } 循环体
  …
  语句n
}while(表达式)
```

运行结果如图 3-23 所示。

```
sum=385

--------------------------------
Process exited after 0.2815 seconds with return value 0
请按任意键继续. . .
```

图 3-23　程序 3-09 的运行结果

程序分析如下。

1．do…while 语句

do…while 语句和 while 语句一样可以实现循环结构。do…while 语句的一般形式为

```
do
{
  语句或语句块;
}
while(表达式);
```

其中，“语句或语句块”是循环体；表达式是循环条件。**要注意 do…while 语句中的** while **后面有分号，这是初学者经常忽略的。**

do…while 语句的执行过程：先执行循环体语句一次，然后计算表达式的值，若表达式的值为真（非 0），则继续执行循环；否则退出循环，执行 do…while 语句后面的语句。执行流程如图 3-24 所示。

程序 3-09 的第 5～8 行就是 do…while 语句，其执行过程如下。

（1）执行循环体的语句，即语句块“sum=sum+i*i;i++;”，此时 sum=1，i=2。

（2）检查表达式 i<=N 是否成立，显然 2≤10 成立，因此继续执行循环体的语句。

（3）重复步骤（1）和（2），直到 i<=N 不成立时退出循环。

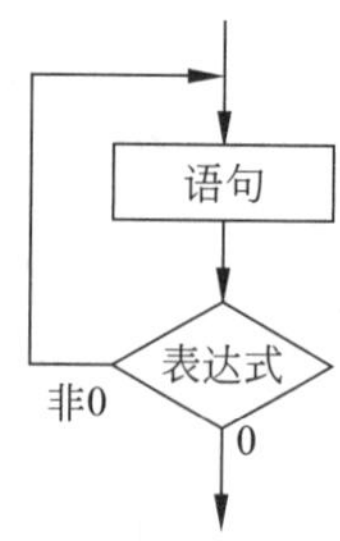

图 3-24　do…while 语句的执行流程

程序 3-09 的第 6～9 行的 do…while 语句的执行流程如图 3-25 所示。

2．表达累加的代码模式

1）本程序累加问题

程序 3-09 中计算 $1^2+2^2+3^2+\cdots+10^2$ 的和属于累加问题，需要重复进行 10 次加法运算，

显然可以用循环结构来实现。分析每次所加的数，可以发现每次累加的数是递增的关系。

因此，程序 3-09 中累加问题的执行思路如下。

（1）定义累加变量的初值。这里定义循环次数变量 i 的初值为 1，累加和变量 sum 的初值为 0。

（2）确定循环条件。若循环条件成立，则执行循环体，否则退出循环。这里累加项为 10，也就是说累加次数不超过 10 则执行循环体，因此 do…while 语句循环条件设置为 i<=10。

（3）确定累加语句块，作为循环结构的循环体。累加语句块的作用是实现累加求和，这里累加项为平方和，因此用 sum=sum+i*i 来实现。此外，为了实现递增求和，要使循环控制变量递增，也就是语句 i++。请读者思考，如果没有 i++语句，程序会有什么问题？

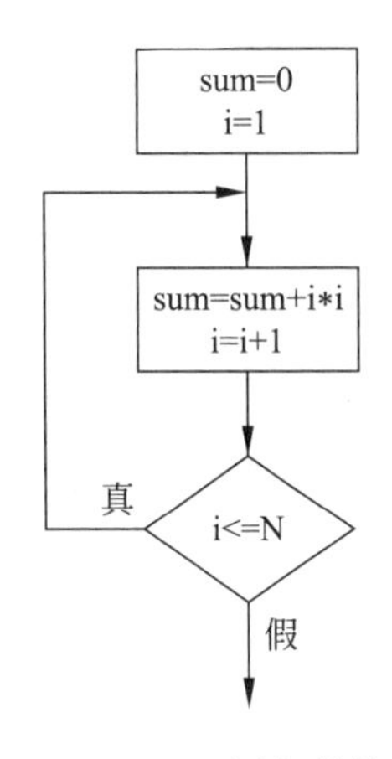

图 3-25　do…while 语句的执行流程

2）其他类似累加问题

除了程序 3-09 中的累加问题，还有一些常见的累加问题。例如，计算 1+2+3+…+ 100，其思路与上述累加问题思路一样。不同的是这个例子中共有 100 项累加和，因此循环条件为循环控制变量 i<=100 时执行循环体，并且在进行累加时直接求和，因此循环体为语句 sum=sum+i 和 i++。整个循环结构可以表示为

```
do{
    sum=sum+i;
    i++;
}while(i<=100);
```

例如，求解 Sn=a+aa+aaa+…+aa…a，这里 a 指的是数字 1～9，共有 n 项。求解这个表达式，基本思路和上述一致。当 a=2、n=8 时，Sn=2+22+222+…+22222222 的求解过程中，循环结构可以表示为

```
a=2;
do{
    sum = sum+a;
    a = a+2*10; //每次a扩大10倍加上a
    i++;
}while(i<=8);
```

这里 8 表示累加的项数。

3）累加求和问题的编程步骤

综上，求解累加和的一般编程步骤如下。

（1）确定累加变量的初值，也就是循环的初始条件。确定累加和变量 sum 以及累加项 term 所需的初值，并把它们放在循环之前。若是从第一项开始加，sum 的初值为 0，term 的初值视情况而定，一般为累加的第一项。

（2）确定循环的次数。通常循环终止条件为累加次数，即累加的个数。循环条件成立则执行循环体，否则退出循环。

（3）确定要加的项数，即确定循环体。循环体通常包括以下两个步骤。

① 求累加和，即 sum=sum+term。

② 求要加的项 term 的通用表达式，term 一般和循环变量有关或和上一项有关。

要注意的是，需检查循环边界是否正确，检查第一次和最后一次累加和的项是否正确以及循环的次数是否准确。

小练笔 3.4.3

小练笔

请读者仿照程序 3-09 编写程序，计算 1!+2!+3!+…+10!的值。

3.4.4 循环语句的区别

1．循环语句总结

本节主要学习了简单循环结构，包括 for 语句、while 语句及 do…while 语句，这三种语句均可实现循环结构，但是它们的语法结构以及执行流程是有区别的。表 3-13 分别展示了这三种循环语句的语法结构和流程图。

表 3-13 循环语句总结

	for 语句	while 语句	do…while 语句

语法结构的一般形式	**for(表达式 1;表达式 2;表达式 3;)
	{
	语句或语句块;
	}**
		**while(表达式)
		{
		语句或语句块;
		}**
			**do
			{
			语句或语句块;
			}
			while(表达式);**

流程图	求解表达式1 → 表达式2（真 → 语句或语句块 → 执行表达式3 → 返回表达式2；假 → for语句的下一条语句）	表达式（非0 → 语句/语句块 → 返回表达式；0 → 退出）	语句/语句块 → 表达式（非0 → 返回语句/语句块；0 → 退出）

2．使用循环语句的注意事项

（1）一般情况下，三种循环语句可以互相代替。

（2）在 while 循环和 do…while 循环中，只在 while 后面的括号内指定循环条件，因此为了使循环能正常结束而不陷入死循环，应在循环体中包含使循环趋于结束的语句（如 i++ 或 i=i+1 等）。

（3）for 循环语句的表达式 3 中包含使循环趋于结束的操作，甚至可以将循环体中的操作全部放到表达式 3 中。因此 for 语句的功能更强，凡用 while 循环能完成的，用 for 循环都能实现。与 while 和 do…while 语句相比，for 语句比较灵活，表达方式和人类的表达习惯不符，难以掌握，请读者多多练习。当然，读者也可以选择更符合人类表达习惯的 while 和 do…while 语句实现循环结构。

（4）用 while 和 do…while 循环时，循环变量初始化的操作应在 while 和 do…while 语句之前完成。而 for 语句可以在表达式 1 中实现循环变量的初始化。

（5）while 循环、do…while 循环和 for 循环都可以用 break 语句跳出循环，用 continue 语句结束本次循环（break 语句和 continue 语句将在 4.2.2 节中详细介绍）。

3.5 程序调试

所谓程序调试（Debug），就是跟踪程序的运行过程，从而发现程序的逻辑错误或者隐藏的缺陷（Bug）。在调试的过程中，可以监控程序的每个细节，包括变量的值、函数的调用过程、内存中的数据、线程的调度等，从而发现隐藏的错误或者低效的代码。调试功能对于初学者而言非常重要，接下来以 Dev-C++为例进行调试。

3.5.1 开启调试模式

（1）打开工具栏上的工具——编译选项，如图 3-26 所示。

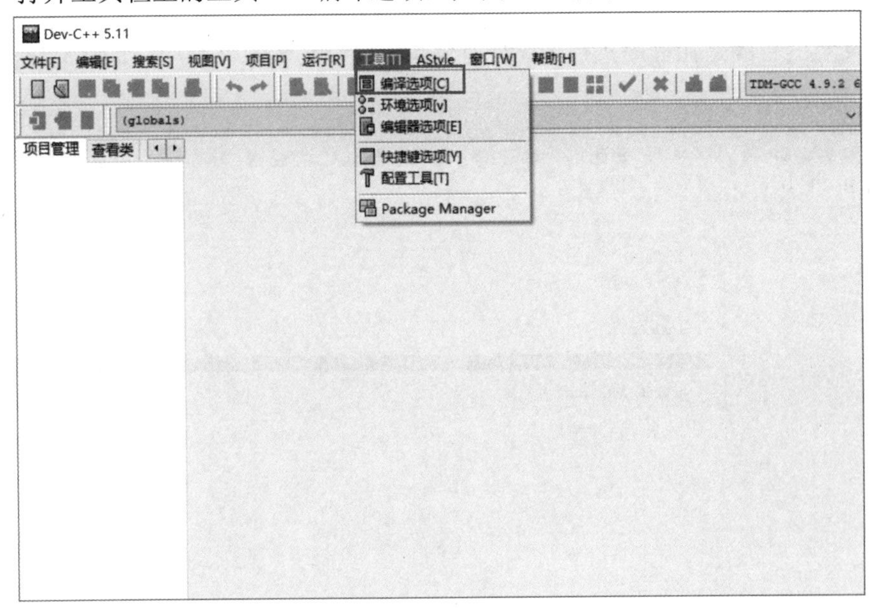

图 3-26　编译选项

（2）选择“代码生成/优化”选项卡，更改“产生调试信息”为 Yes，如图 3-27 所示。

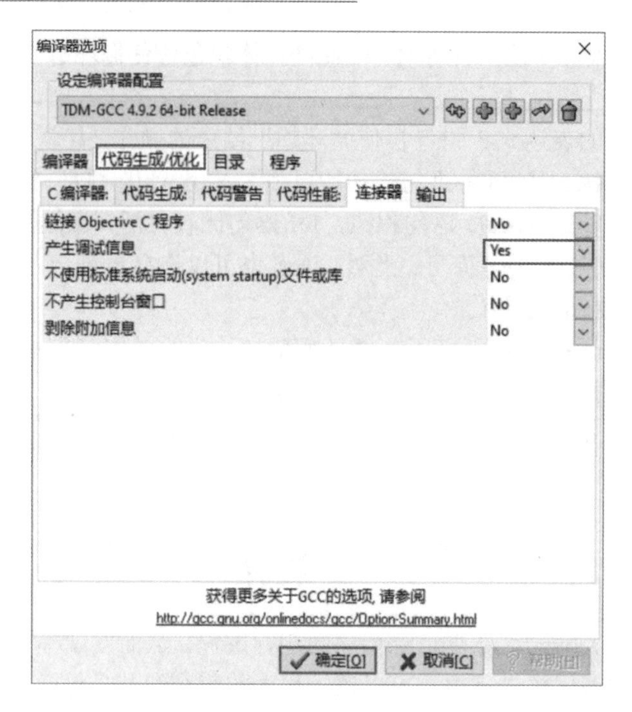

图 3-27　调试信息选择

3.5.2　代码调试

接下来以对 100 以内的数字求和这个程序进行调试。

1．添加断点

设置断点的目的是让程序执行到此处时停留，可以设置多个断点。如图 3-28 所示，在

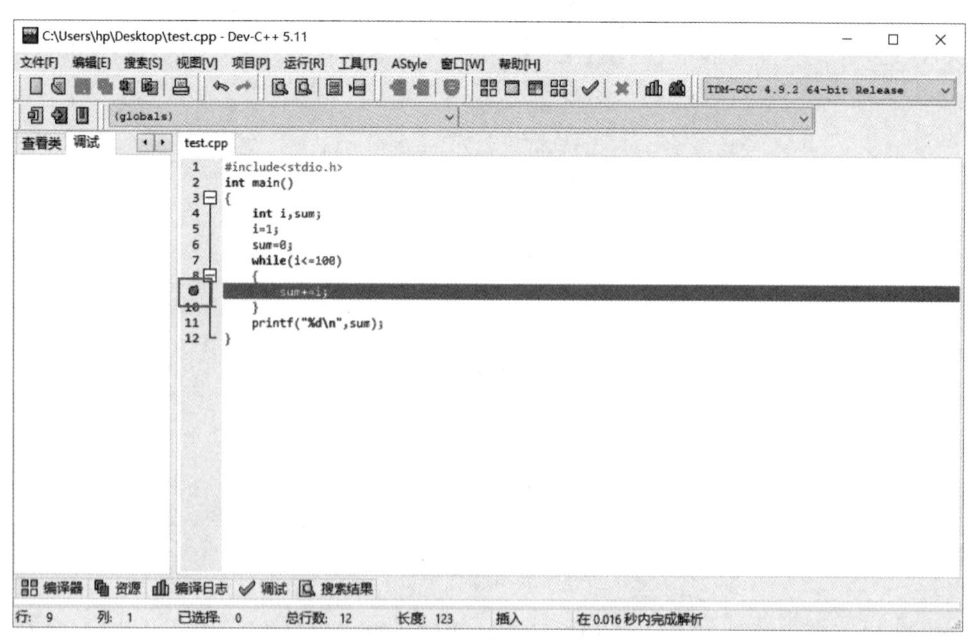

图 3-28　断点设置

Dev-C++中单击代码编辑器中的某行最左边位置即表示在当前行设置断点，再次单击即为取消断点。

如果设置了多个断点，程序会在断点与断点之间进行调试。如果只有一个断点，程序会从设置断点处开始，随着每次单击，一步一步进行下去，直到程序结束。

2．开始调试

如图 3-29 所示，单击工具栏上的√符号按钮，即可进入调试。

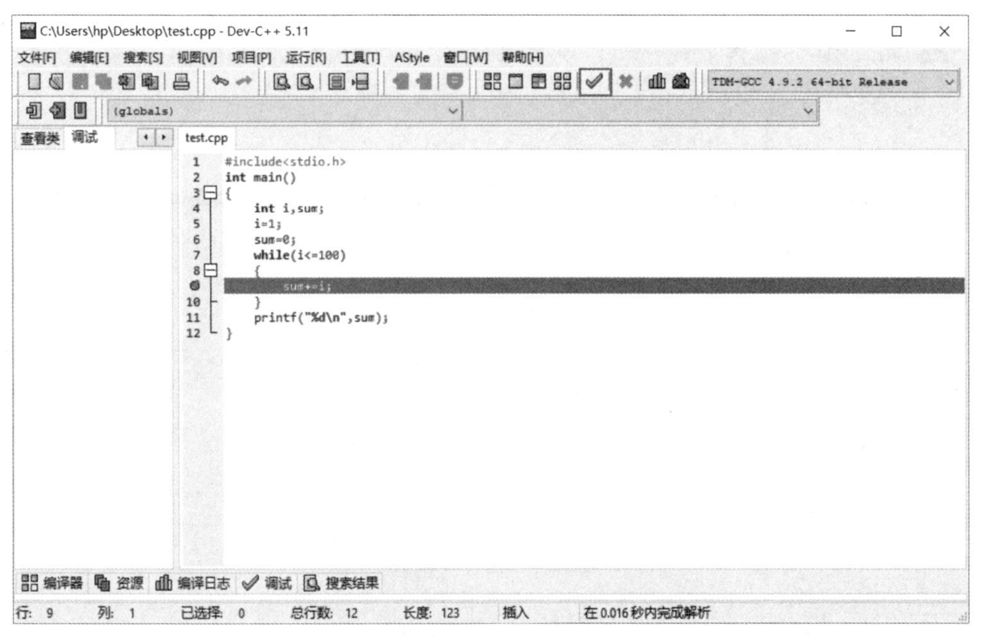

图 3-29　进入调试

出现图 3-30 所示的界面时表示已开始调试。

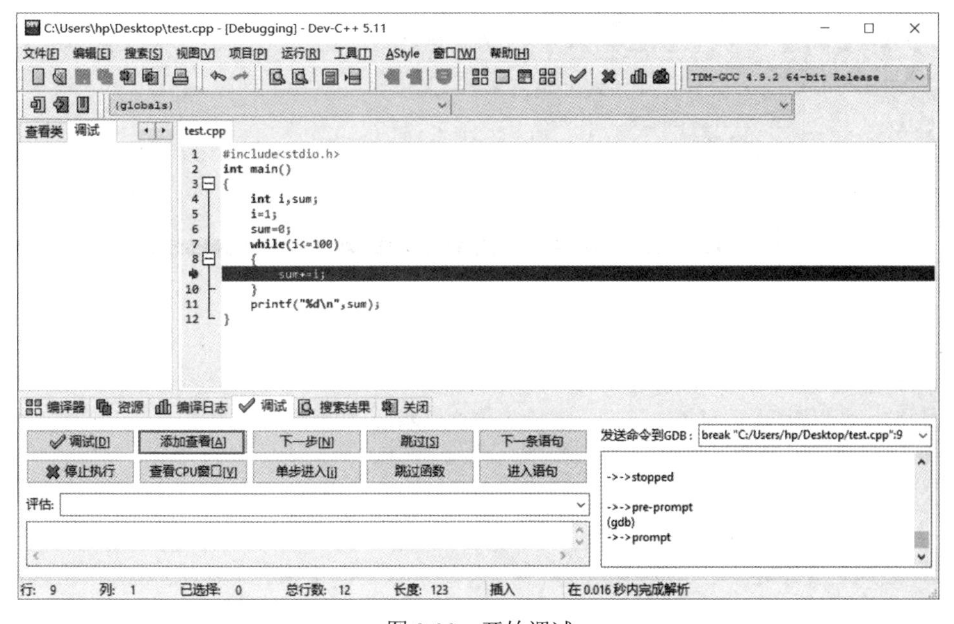

图 3-30　开始调试

3．添加要查看的变量

进入调试以后可以查看运行到断点处的所有变量的值，左侧的调试窗口则是用来监视变量的。如图 3-31 所示，在左侧的调试窗口右击选择“添加查看”命令，再输入要查看的变量名即可查看该变量的值。

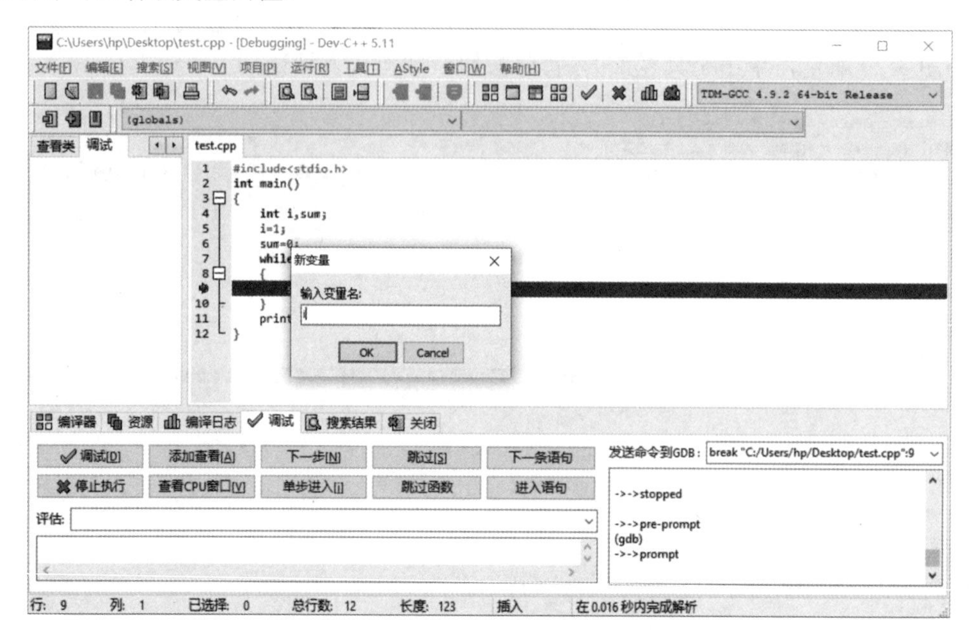

图 3-31　输入变量名

本程序中添加变量 i 和 sum，查看这两个变量的值。如图 3-32 所示，可以看到当程序执行到断点位置时，变量 i 的值为 1，sum 的值为 0。

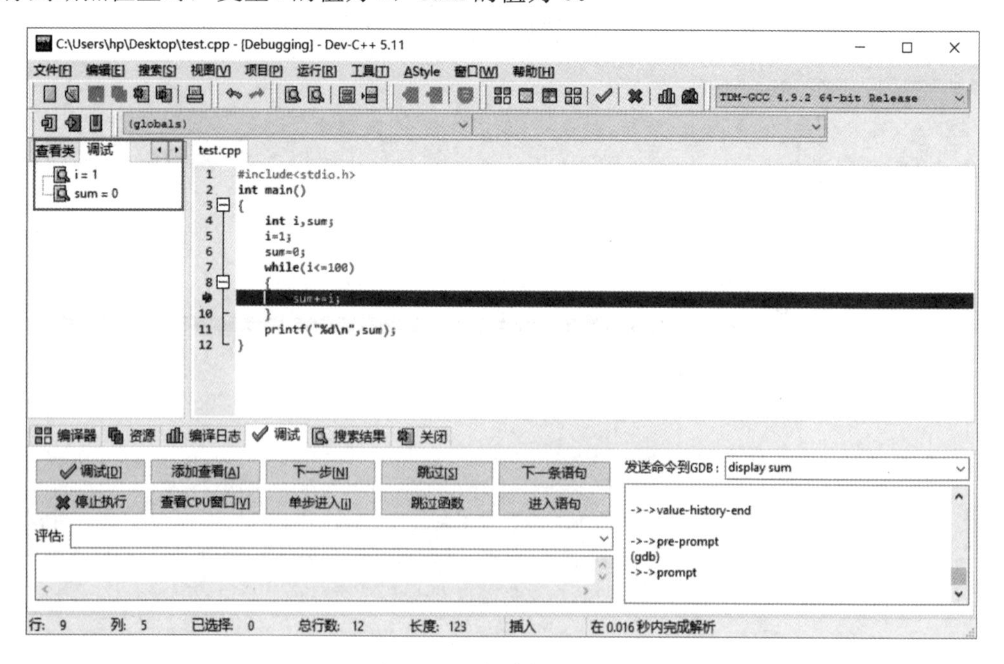

图 3-32　查看变量的值

4．观察变量变化，进行程序调试

如图 3-33 所示，单击下方调试框的“下一步”按钮，执行断点处代码，多次单击“下一步”按钮观察程序的执行情况。

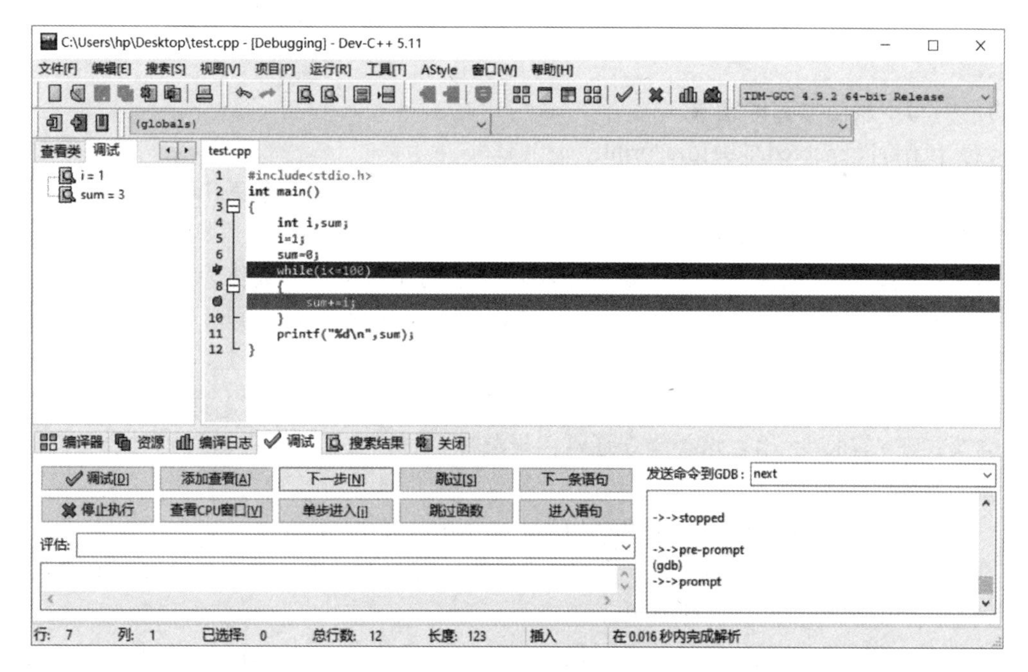

图 3-33　查看程序执行情况

如图 3-34 所示，发现 sum+=i 语句执行了 3 次以后 sum 的值为 3，i 的值依然没变，经过调试发现该程序并没有实现累加功能，因此修改原程序以实现累加功能并结束调试。

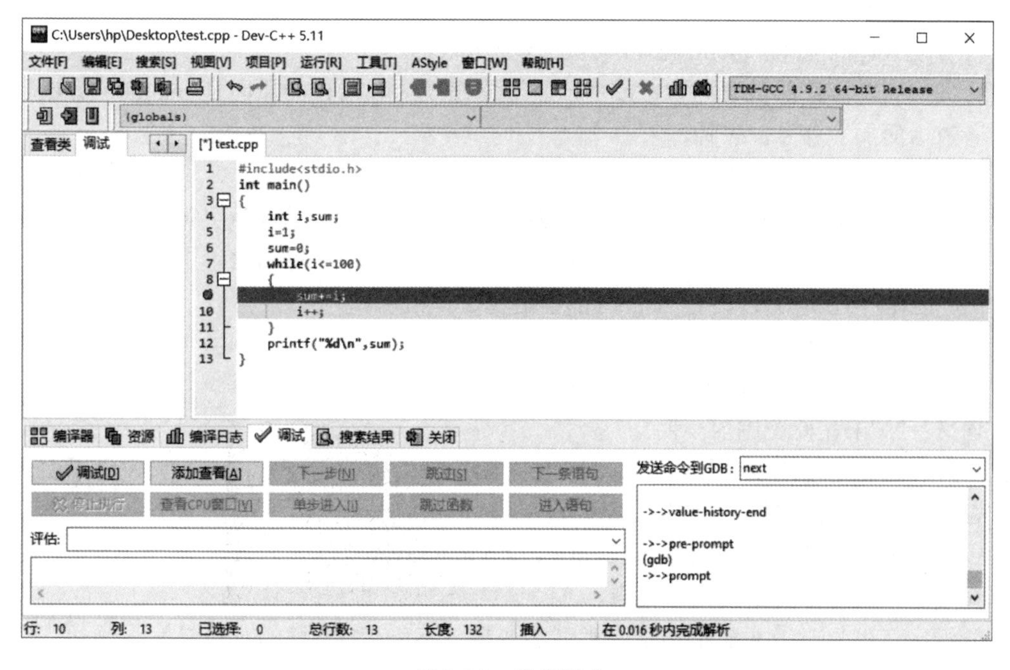

图 3-34　结束调试

3.5.3 常见编译错误

初学者编写程序时，经常遇到一些编译错误。有时看不懂这些编译错误或者不知道怎么修改出现的编译错误。因此，本节总结了一些常见的编译错误的含义和可能的解决方法，供读者参考。

1．书写不规范导致的错误

（1）[Error] expected ';' before 'printf '.

含义：在 printf 语句前缺少分号，也就是说 printf 语句的上一条语句漏写了分号。

（2）[Error]stray'\243'in program.

含义：编译器在编译源文件时遇到了不可识别的非法字符，其值为 ASCII 码值 243。这个值并不在合法的英文字符范围内（0～127），所以一般都是由于误输入造成的。通常由于误输入了汉字、汉语标点符号等导致的错误。

（3）[Error] expected ')' before ';' token.

含义：在';'前面少了')'。这类错误通常由于漏掉括号导致，因此在写代码时要仔细检查括号是否完整。

（4）[Error]Cannot open include file: 'stduio.h': No such file or directory.

含义：无法打开文件'stduio.h'，不存在此文件。这是由于头文件书写错误导致的。

（5）[Error] ld returned 1 exit status.

这是一个常见的错误，可能的原因包括库函数拼写错误。如 main、printf、scanf 等，定义的函数名在调用时，函数名拼写错误。

（6）[Error] a function-definition is not allowed here before '{' token.

含义：不允许在'{'内进行函数定义。因此要检查函数定义的范围，在一个函数内部不允许再定义函数。

（7）[Error] expected identifier or '(' before '{' token.

含义："{"标记前需要标识符或"("。通常出现这种错误的原因是 main()函数或者定义的函数后面加了分号，去掉即可。

（8）error C2001: newline in constant.

含义：在常量中创建了新行。出现这类错误的原因大多数是因为字符串常量多行书写时，或者某个字符串常量的尾部漏掉了双引号，以及当某个字符串常量中出现了双引号字符"""，但是没有使用转义符"\""时都会出现这种错误。

2．逻辑/语法错误

（1）[Error] 'xx' was not declared in this scope.

含义：'xx'未在此范围内声明。

分析：意思是使用变量前未声明该变量，C 语言规定使用变量前需要先定义以引入变量，否则程序将无法识别变量名，导致程序运行出错。

（2）error C2109: subscript requires array or pointer type.

含义：下标需要数组或指针类型。

分析：意思是对于非数组和指针类型的变量，不能用[]这样的下标符号。例如，语句"int x;x[0]=1;"就会出现上述错误。

（3）error C2466: cannot allocate an array of constant size 0.

含义：（编译错误）不能分配长度为 0 的数组。

分析：因此定义数组时数组长度不能为 0。

（4）[Error] storage size of 'xx' isn't known.

含义：xx 的存储大小是未知的。

分析：通常是指定义数组时没有分配数组的大小。如“int array[];”这种情况会出现上述错误。

（5）error C2050: switch expression not integral.

含义：（编译错误）switch 表达式不是整型的。

分析：switch 表达式必须是整型（或字符型），如“switch ("a")”中表达式为字符串，这是非法的。

（6）error C2051: case expression not constant.

含义：case 表达式不是常量。

分析：case 表达式应为常量表达式，如“case "a"”中“"a"”为字符串，这是非法的。

（7）error C2440: '=' : cannot convert from 'char [2]' to 'char'.

含义：赋值运算，无法从字符数组转换为字符。

分析：不能用字符串或字符数组对字符型数据赋值，更一般的情况，类型无法转换。

（8）error C2297: '%' : illegal, right operand has type 'float'.

含义：%运算的左（右）操作数类型为 float，这是非法的。

分析：求余运算的对象必须均为 int 类型，应正确定义变量类型或使用强制类型转换。

（9）error C2181: illegal else without matching if.

含义：没有与 if 相匹配的 else。

分析：可能多加了“;”或复合语句没有使用“{}”。

（10）error C2133: 'xxx' : unknown size.

含义：数组 xxx 长度未知。

分析：一般是定义数组时未初始化也未指定数组长度，如“int a[];”。

（11）error C2106: 'operator': left operand must be l-value.

含义：（编译错误）操作符的左操作数必须是左值分析，如“a+b=1;”语句，“=”运算符左值必须为变量，不能是表达式。

（12）error C2105: 'operator' needs l-value.

含义：（编译错误）操作符需要左值。

分析：如“(a+b)++;”语句，“++”运算符无效。

（13）error C2660: 'xxx' : function does not take n parameters.

含义：函数 xxx 不能带 n 个参数。

分析：调用函数时实参个数不对，如“sin(x,y);”。

（14）error C2664: 'xxx' : cannot convert parameter n from 'type1' to 'type2'.

含义：函数 xxx 不能将第 n 个参数从类型 1 转换为类型 2。

分析：一般是指函数调用时实际参数与形式参数类型不一致。

习　　题

1. C 语言中，下列标识符中哪些是合法的，哪些是不合法的?

   Start、1_Flag、Height&Weight、Counter1、_debug、global、A.2

2. 预编译命令#include 的作用是什么?

3. C 语言中 while 语句与 do…while 语句有什么不同?

4. 编写程序实现从键盘输入 2 个正整数字，分别计算这 2 个数的和、差、积、商。

5. 编写程序实现从键盘输入 1 个正整数，判断该数是质数还是合数。

6. 编写程序实现从键盘输入年份，判断该年份为平年还是闰年。

7. 编写程序实现从键盘输入一个 5 位数，分别输出该数的每一位。

8. 编写程序实现从键盘输入一串字符，并将其中的小写字母转换为大写字母。

9. 编写程序求解鸡兔同笼问题：鸡兔同笼，共有 45 个头，146 只脚，则笼中鸡兔各有多少只？

※层次 2：C 语言程序设计的复杂语句

层次 2 目标

- 适合读者：掌握层次 1 的读者。
- 层次学习目标：学会用复杂结构解决复杂问题。
- 技能学习目标：学会 C 语言多分支选择结构和语法、嵌套循环结构和语法。

第4章 复杂程序的流程

● 知识点和本章主要内容

在第 3 章中，通过实例学习了 C 语言中的数据类型、变量、表达式等基本概念，也学习了使用条件语句和循环语句实现简单选择结构和循环结构。本章将继续学习条件语句和循环语句，引入多分支选择、循环的嵌套、循环的中断等知识点，使读者能够编写较复杂的选择结构和循环结构的程序。本章节的内容属于程序设计的第 2 个层次。

4.1 多分支的选择结构

前面章节介绍的 if 语句或是 if…else 语句只有两个分支可供选择，而实际问题中常常需要用到多分支的选择。在 C 语言中，有两种方式实现多分支选择结构：一种是 switch 语句，另一种是 if 语句的嵌套。下面通过两个程序实例给读者展示如何实现多分支选择结构。

4.1.1 switch 语句

switch 语句又称开关语句，虽然 switch 语句的语法结构比较复杂，但是实现多分支结构逻辑清晰，易于理解，如程序 4-01。

```
/************************************************
程序编号：4-01
程序名称：输出星期
程序功能：输入一个数字，输出一个该数字对应的星期英文单词
程序输入：一个整数
程序输出：英文单词
************************************************/
1  #include<stdio.h>
2  int main()
3  {
4    int a;
5    printf("input integer number: ");
6    scanf("%d",&a);
```

```
7   switch (a)
8   {
9     case 1:printf("Monday\n");break;
10    case 2:printf("Tuesday\n");break;
11    case 3:printf("Wednesday\n"); break;
12    case 4:printf("Thursday\n"); break;
13    case 5:printf("Friday\n"); break;
14    case 6:printf("Saturday\n"); break;
15    case 7:printf("Sunday\n"); break;
16    default:printf("Error\n");
17  }
18  return 0;
19  }
```

```
switch语句的一般形式：
switch (表达式)
{
  case 常量表达式1: 语句1;
  case 常量表达式2: 语句2;
  …
  case 常量表达式n: 语句n;
  default: 语句n+1;
}
```

运行结果如图 4-1 所示。

```
input integer number: 2
Tuesday

--------------------------------
Process exited after 2.656 seconds with return value 0
请按任意键继续. . .
```

图 4-1　程序 4-01 的运行结果

程序分析如下。

1．switch 语句

switch 语句可以用来实现多分支选择，当程序需要从多个选择中选择一个时，可以考虑用 switch 语句。switch 语句一般形式见程序 4-01 的代码说明。switch 语句的执行流程为：首先计算 switch 后面表达式的值，并逐个与 case 后的常量表达式值相比较，当表达式的值与某个常量表达式的值相等时，即执行其后的语句，然后不再进行判断，继续执行后面所有 case 后的语句。如表达式的值与所有 case 后的常量表达式均不相同时，则执行 default 后的语句。注意，default 是可选的。switch 语句一般形式的执行流程如图 4-2 所示。

2．与 switch 配合使用的 break

对照 switch 流程图，读者会发现 switch 语句并不能真正实现从多个选择中只选择一个的目的。因为 switch 语句执行过程规定，当表达式的值与某个常量表达式的值相等时，执行其后的语句，然后不再进行判断，继续执行后面所有 case 后的语句。为了使得当表达式的值与某个常量表达式的值相等时，仅执行其后的语句，不继续执行后面所有 case 后的语句，转而跳出 switch 语句，则需要在每个 case 后的语句都加上 break 语句。break 语句可以使流程跳出 switch 结构，转而执行 switch 语句下面的语句。如果在 switch 语句中每个 case 后都加上 break 语句后，则 switch 语句的执行流程如图 4-3 所示。

执行过程为：首先判断变量 a 的值，并逐个与 case 后的常量比较，当 a 的值与某个常量相等时，即执行其后的语句，然后退出 switch 语句，否则执行 default 后的语句再退出 switch 语句。**请注意：switch 语句语法结构中是没有 break 语句，在每一条 case 语句后都增加 break 语句，目的是每次只执行与 case 常量表达式匹配的语句，从而实现多分支结构。**

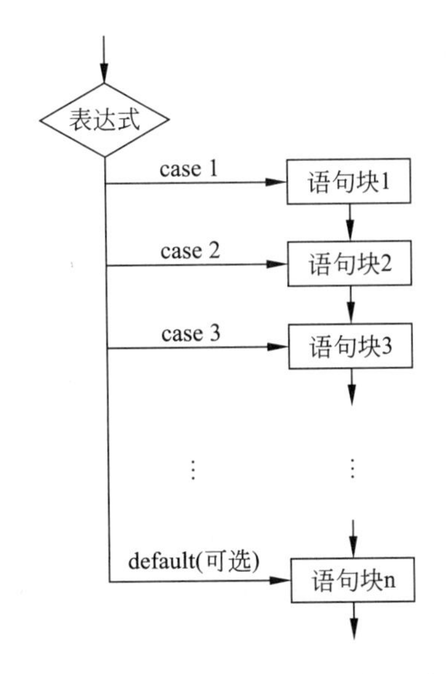

图 4-2 switch 语句一般形式的执行流程

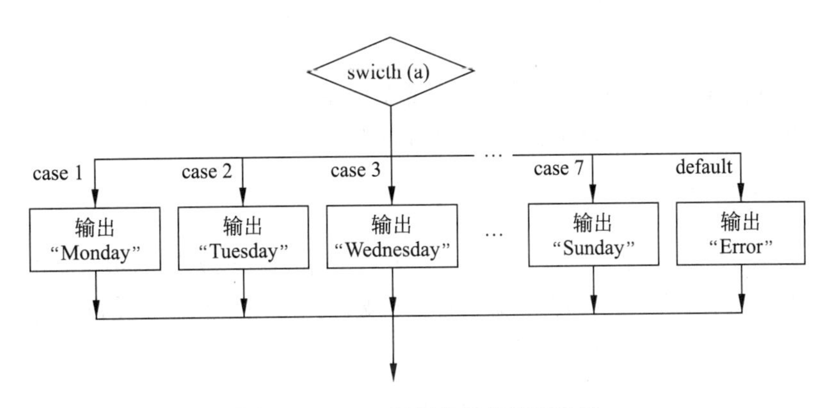

图 4-3 switch 语句的执行流程举例

程序 4-01 第 7～17 行是一个加了 break 语句的 switch 语句。若所有 case 标号后不加 break 语句，执行结果会如何呢？

将程序 4-01 的 switch 语句中的 break 语句全部去掉，此时的 switch 语句为：

```
switch(a)
{
    case 1:printf("Monday\n");
    case 2:printf("Tuesday\n");
    case 3:printf("Wednesday\n");
    case 4:printf("Thursday\n");
    case 5:printf("Friday\n");
    case 6:printf("Saturday\n");
    case 7:printf("Sunday\n");
    default:printf("error\n");
}
```

执行程序 4-01，当输入整数为 2 时，程序运行结果为：

```
Tuesday
Wednesday
Thursday
Friday
Saturday
Sunday
Error
```

可以发现当 switch 后面的表达式为 2 时（变量 a 的值为 2），和标号 case 2 匹配，输出标号 case 2 后面的语句（输出“Tuesday”），与此同时，case 3、4、5、6、7 以及 default 后面的语句都被输出了。也就是说 case 标号只起标记的作用，在执行 switch 语句时，根据表达式的值找到匹配的 case 标号，在执行完这个 case 标号后面的语句后，就从此处开始执行下去，不再进行判断。因此实现了连续输出。

小练笔 4.1.1

小练笔

给出一个百分制的成绩，要求输出成绩等级'A''B''C''D''E'。90 分以上为'A'，80～89 分为'B'，70～79 分为'C'，60～69 分为'D'，60 分以下为'E'。

4.1.2 if…else 嵌套

在 if 语句中又包含一个或多个 if 语句称为 if 语句的嵌套。除了 switch 语句能够实现多分支选择结构，if 语句的嵌套同样可以实现多分支选择结构，并且比 switch 语句更加灵活，能够表达任意分支结构，如程序 4-02。

```
/***********************************************
程序编号：4-02
程序名称：求一元二次方程的解
程序功能：求ax²+bx+c=0方程的解
程序输入：一元二次方程的系数
程序输出：一元二次方程的解
***********************************************/
1  #include<stdio.h>
2  #include<math.h>
3  int main()
4  {
5    float a,b,c,delta,x1,x2,realpart,imagpart;
//定义一元二次方程的三个系数a、b、c变量，以及方程解x1、x2变量，实根和虚根realpart、
//imagpart变量
6    scanf("%f,%f,%f",&a,&b,&c);//从键盘中获得一元二次方程的三个系数a、b、c
7    printf("The equation ");
```

```
8    if(fabs(a)<=1e-6)
9       printf("is not quadratic");
                  //如果a小于0，则不是一元二次方程
10   else{  //是一个一元二次方程
11       delta=b*b-4*a*c;
12       if(fabs(delta)<=1e-6)  //delta等于0，
                                //则有两个相同根
13          printf("has two equal roots:%8.4f\n",
              -b/(2*a));
14       else if(delta>1e-6)   //delta大于0时，
                               //有两个不同实根
15       {
16          x1=(-b+sqrt(delta))/(2*a);
17          x2=(-b-sqrt(delta))/(2*a);
18          printf("has two distinct roots:");
19          printf("%8.4f and %8.4f\n",x1,x2);
20       }
21       else{  // delta小于0时，有两个不同虚根
22          realpart=-b/(2*a);
23          imagpart=sqrt(-delta)/(2*a);
24          printf("has complex roots:\n");
25          printf("%8.4f+%8.4fi\n",realpart,
              imagpart);
26          printf("%8.4f-%8.4fi\n",realpart,
              imagpart);
27       }
28    }
29 }
```

```
if语句嵌套的一般形式：
if(表达式1)
    if(表达式2) 语句1
    else 语句2
else
    if(表达式3) 语句3
    else 语句4
```

```
if语句多分支的选择形式：
if(表达式1) 语句1
else if(表达式2) 语句2
    …
else if(表达式m) 语句m
else  语句n
```

运行结果如图 4-4 所示。

```
1,2,3
The equation has complex roots:
 -1.0000+  1.4142i
 -1.0000-  1.4142i

--------------------------------
Process exited after 2.486 seconds with return value 0
请按任意键继续. . .
```

图 4-4　程序 4-02 的运行结果

程序分析如下。

1. fabs()函数

fabs()函数是一个求绝对值的函数。为了在程序中使用 fabs()函数，需要写预编译包含指令：#include <math.h>。#include <math.h> 是包含 math 头文件的意思。.h 是头文件（header file）的扩展名，这一句声明了本程序要用到标准库中的 math.h 文件。math.h 头文件中声明了常用的一些数学运算，如乘方、开方、求绝对值函数等。

2．浮点数大小比较

浮点数在计算机内实际上是一个近似表示，浮点数的有效位只有 6 位，因此不能用整数的“==”运算符进行两个浮点数的相等比较。那么如何正确比较两个浮点数的大小呢？判断两个浮点数差值的绝对值是否小于一个非常小的数。若二者差值的绝对值小于这个很小的数时，就认为二者是相等的。这个很小的数称为精度，精度由计算过程中的需求而定。比如一个常用的精度为 1e–6，也就是 0.000001。

例如，程序 4-02 第 8 行“if(fabs(a)<=1e–6)”中，由于变量 a 是浮点数，因此判断变量 a 的值是否为 0 时，先使用 fabs 函数对变量 a 求绝对值，然后再判断变量 a 的绝对值是否小于或等于 1e–6，如果变量 a 小于或等于这个精度，则可以认为变量 a 等于 0，否则 fabs(a)>1e–6 成立，则 a 大于 0。

请读者思考下面的程序片段：

```
float f1=0.33, f2=0.11;
f2+=0.22f;
if(f1==f2)
    printf("Equal\n");
else
    printf("Not Equal\n");
```

程序运行后会发现，程序结果并没有输出 Equal 的字样。这是因为 if(f1==f2)语句的错误，改为 if(fabs(f1–f2)<=1e–6)，就能正确判断浮点数 f1 和 f2 是否相等了。

通过上面的例子，请初学者注意：判断两个浮点变量的值是否相等时，不能用“==”或“!=”比较，而是用两个浮点变量差值的绝对值进行比较，转化成“>=”或“<=”形式。

3．if 语句嵌套

先来回顾一下条件语句的一般形式，包括如表 4-1 所示的两种形式。

表 4-1　条件语句的一般形式

if 语句	if…else 语句

if(表达式)
{
语句 1 或语句块 1
}
	if(表达式)
	{
	语句 2 或语句块 2
	}
	else
	{
	语句 3 或语句块 3
	}

其中，语句 1 可以是任何 C 语句，当然也可以是 if 语句。如果语句 1 是一条 if 语句或者 if…else 语句，则称为 **if 语句嵌套**。同理，语句 2 和语句 3 也可以是 if 语句或者 if…else 语句。由此可以得到多种 if 嵌套结构以实现不同的选择功能。

在 if 语句嵌套结构中可能会出现多个 if 和多个 else 重叠的情况，这时要特别注意 if 和 else 的配对问题。**C 语言规定，else 总是与它前面最近的 if 配对**。因此在程序书写时建议使用“锯齿形”书写格式，不仅增强了程序的可读性，还可以很直观地看出嵌套层次。

程序 4-02 第 8～28 行是 if…else 语句的嵌套，外层的 if…else 语句中 else 语句块中嵌套了一个 if 语句多分支结构。这部分结构的程序流程如图 4-5 所示。

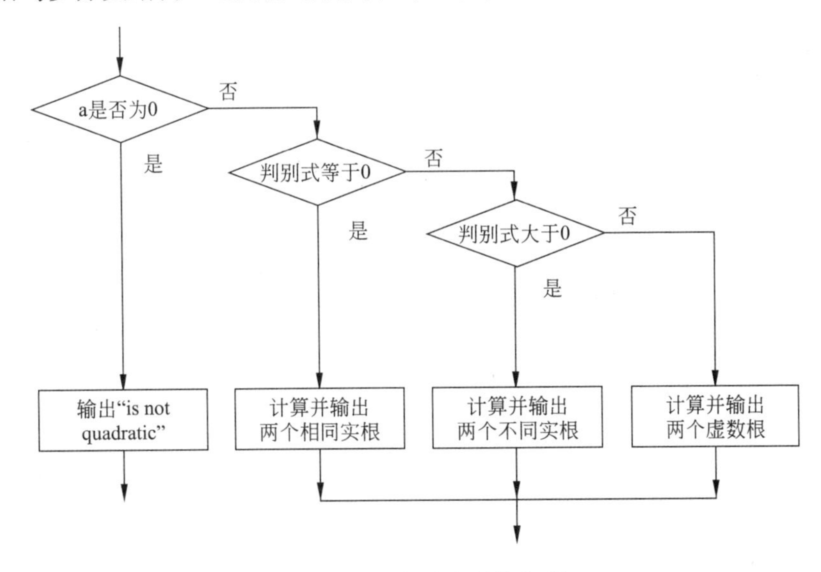

图 4-5　if 语句嵌套结构流程

首先利用最外层的 if 语句判断方程是否为一元二次方程，接着用嵌套的 if 语句多分支结构来判断判别式的值并计算方程的根。这里的 if 语句多分支结构执行流程为：首先计算一元二次方程的判别式 delta，也就是表达式 delta<=1e–6，若成立则说明判别式等于 0，则计算并输出两个相等的实根；若表达式 delta>1e–6 成立，则说明判别式大于 0，输出两个不等的实根；否则计算并输出两个虚数根。

4．printf()函数说明

程序 4-02 第 19 行 printf("%8.4f and %8.4f\n",x1,x2)，使用了两个格式字符。其中%f 分别用来控制浮点型变量 x1 和 x2 的值的输出。输出浮点数的值时，还能指定浮点数输出的数据宽度和小数位数，这里%8.4f 中的 8 表示浮点数输出的数据宽度，4 表示的是小数位数。值得注意的是，如果实际宽度超出 8 则以实际宽度输出，如果不足 8 则输出右对齐，左边补空格，并且只输出小数点后 4 位。

小练笔

小练笔 4.1.2

仿照程序 4-01 和程序 4-02 编写一段程序。运输公司对用户计算运费，距离越远每千米运费越低，标准如表 4-2 所示。

表 4-2　运费折扣标准

距离 s / km	折　　扣
s<250	没有折扣
250<=s<500	2%折扣
500<s<=1000	5%折扣
1000<s<=2000	8%折扣
2000<s<=3000	10%折扣
3000<s	15%折扣

设每千米每吨货物的基本运费为 p，货物重量为 w，距离为 s，折扣为 d，则总运费 f 的计算公式为：f = p×w×s×(1–d)，试编程计算货物运费。用 if…else 和 switch 语句实现运输公司对用户计算运费的程序。

4.1.3　switch 语句与 if…else 嵌套的适用场景

switch 语句及 if…else 嵌套可以实现多个分支的选择结构。表 4-3 分别展示了这两个结构的语法结构和流程图。

表 4-3　条件语句总结

语法结构	语法结构的一般形式	流　程　图

switch 语句	switch(表达式)
	{
	　case 常量表达式 1： 语句 1;
	　case 常量表达式 2： 语句 2;
	　…
	　case 常量表达式 n： 语句 n;
	　default： 语句 n+1;
	}
		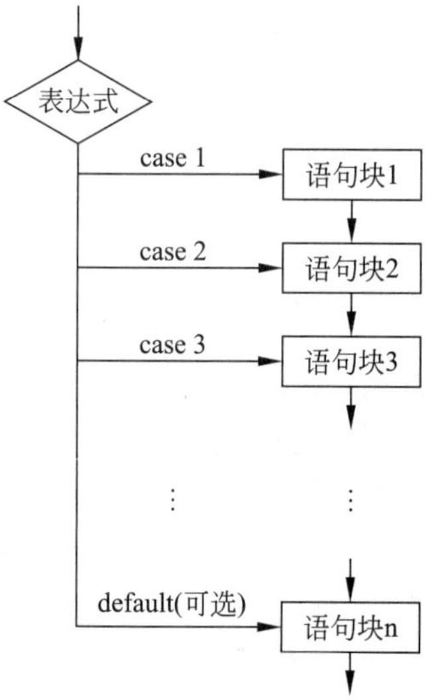 表达式
		case 1　语句块1
		case 2　语句块2
		case 3　语句块3
		⋮　⋮
		default(可选)　语句块n

if…else 嵌套	if(表达式 1)
	　　语句 1
	else
	　　if(表达式 2)　语句 2
	else 语句 3
		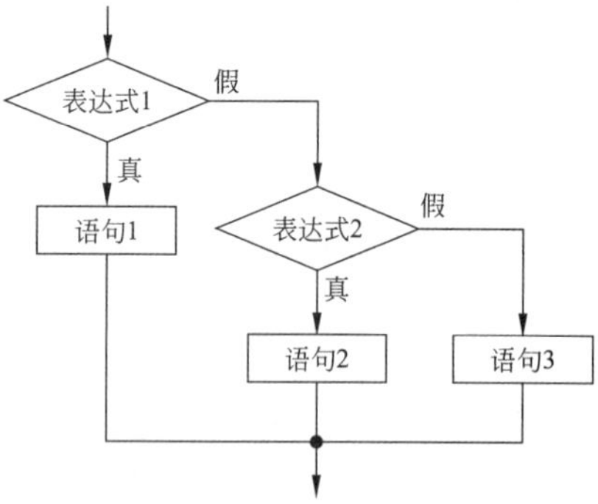 表达式1　假
		真
		语句1　表达式2　假
		真
		语句2　语句3

1．switch 语句和 if…else 嵌套的对比

switch 语句通常比一系列嵌套 if…else 语句效率更高、逻辑更加清晰。

2．switch 语句和 if…else 嵌套适用场景

（1）通常可以使用 switch 语句实现的多分支结构，都可以使用 if…else 嵌套实现，但是使用 if 嵌套实现的多分支结构，switch 语句不一定能够实现。这是因为 switch 语句只支持常量值相等的分支判断，而 if 语句中的条件判断可以是任意表达式。因此 if…else 嵌套比 switch 语句更加灵活，能够表达任意分支结构。

（2）当判断固定常量或常量表达式时，建议使用 switch 语句，因为 switch 语句书写的多分支结构的代码更容易让人理解，且分支越多，相比 if…else 嵌套，switch 语句速度越快，效率越高。

（3）当判断区间或范围时，只能使用 if…else 嵌套语句。例如，求一个浮点型变量或表达式的值，就不能使用 switch 语句。如果变量必须落入某个范围，也不能很方便地使用 switch 语句。而使用 if 语句这样写是很简单的，例如：

```
if (integer < 1000 && integer > 2)
```

如果用 switch 语句的话，覆盖该范围将涉及为从 3～999 的每个整数建立 case 标签。因此这种情况应该使用 if…else 语句。

3．switch 语句和 if 语句注意事项

1）if…else 嵌套需要注意的地方

在嵌套的 if…else 语句中，很容易出错的地方是 else 与 if 匹配错误，例如：

```
if(表达式1)
   if(表达式2)
      语句1;
else
   if(表达式3)
      语句3;
else
      语句4;
```

第一个 else 与上面两个 if 中的哪一个匹配呢？为了避免产生二义性，C 语言规定，从内层开始，else 总是与它上面最近的、未曾匹配过的 if 匹配。上例中尽管 else 与第一个 if 对齐，但离它最近的是第二个 if。为了避免产生错误，在 if 嵌套语句中通常采用缩进的代码书写方式表示不同的层次，使同一层次位于相同的缩进位置，也就是锯齿形书写格式，这样书写的程序清晰易读，便于改错。

2）在使用 switch 语句时还应注意以下几点

（1）switch 后面括号内的表达式一般为整型或字符型表达式，不可以是其他数据类型，如 float 型，否则无法通过编译。因为编译器需要 switch 后面的表达式的值和 case 后面的值精确匹配，而计算机无法精确表达一个 float 数据类型。

（2）在 case 后的各常量表达式的值不能相同，否则会出现错误。

（3）在 case 后，允许有多个语句，可以不用{}括起来。

（4）各 case 和 default 子句的先后顺序可以变动，而不会影响程序执行结果。

（5）default 子句可以省略不用。

（6）多个 case 标号可以共用一组执行语句。如：

```
case 'A':
case 'B':
case 'C':printf(">=60\n");break;
```

这样的语句表达的意思是 switch 表达式的值是'A''B'或者'C'时，都执行 printf 语句。

4.2 循环结构的嵌套

一个循环语句内又包含另一个完整的循环语句，称为循环语句的嵌套。内嵌的循环语句称为内循环，包含内循环的循环语句称为外循环。内嵌的循环还可以嵌套循环，就构成了多重循环。前面介绍的 for、while 和 do…while 这 3 种循环都可以相互嵌套。但嵌套时，要保证在一个循环体内包含另一个完整的循环结构，不能使两个循环语句相互交叉。

4.2.1 循环嵌套

现实中很多问题都需要用循环嵌套来完成，比如打印图案这一类问题，通常使用外层循环控制图案的行数，内层循环控制每行打印的内容，如程序 4-03 所示。

```
/***********************************************
程序编号：4-03
程序名称：打印图形
程序功能：在屏幕上显示一个正三角形
程序输入：无
程序输出：用“*”绘制的正三角形
***********************************************/
1  #include<stdio.h>
2  int main()
3  {
4    int i,j,k;
5    for(i=1; i<=3; i++)
6    {
7       for(j=1; j<=3-i; j++)
8          printf(" ");
9       for(k=1; k<=2*i-1; k++)      ← for循环嵌套
10         printf("*");
11      printf("\n");
12   }
13   return 0;
14 }
```

运行结果如图 4-6 所示。

图 4-6　程序 4-03 的运行结果

程序分析如下。

1．循环嵌套

一个循环语句内又包含另一个完整的循环语句，称为循环语句的嵌套。内嵌的循环语句称为内循环，包含内循环的循环语句称为外循环。内循环再嵌套内层循环，就构成了多重循环。嵌套时，要在一个循环体内包含另一个完整的循环结构。无论哪种嵌套关系，都必须将一个完整的循环语句全部放在某个循环体内，而不能使两个循环语句相互交叉。

程序 4-03 中第 5～12 行使用了一个循环嵌套结构，其中外循环使用了 for 循环结构，内循环也是两个并列的 for 循环结构（当然内循环也可以选择 while 循环或者 do…while 循环实现）。

下面讲解执行思路。

（1）执行外循环，即“for(i=1; i<=3; i++){语句块}”，此时表达式 i<=3 成立，进入外层循环体。

（2）按照顺序先执行第一个内循环，即“for(j=1; j<=3–i; j++) printf(" ");”，此时循环条件成立，执行该 for 循环的语句，打印一个空格，继续执行这个 for 循环，直到退出该 for 循环。

（3）执行第二个内循环“for(k=1; k<=2*i–1; k++) printf("*");”，打印“*”号。

（4）内循环都结束以后，继续执行外循环，按照上述（1）（2）（3）的步骤继续执行，直到最终退出外循环，才退出了整个嵌套循环结构。

总的来说，循环嵌套是外循环里套内循环，外循环执行一次，内循环全部执行完，直到外循环执行完毕，整个循环结束。因此循环次数为外循环的次数×内循环的次数。

2．打印图案问题的编程思想

对于打印图案这类问题，有一个整体的解决思路。通过观察可以发现，每个图形都是由若干行、若干列的符号组成的。因此可以考虑使用双重嵌套循环来解决。**对于这类题目，可以由外层循环控制行数，每行打印的内容由内层循环控制，并根据图形每行打印内容和所在行的关系编写代码。**

例如，程序 4-03 功能是用*号打印一个正三角形。根据上述思路，可以使用双重嵌套循环来实现图形打印。使用外层循环 for(i=1; i<=3; i++)控制行数，也就是控制输出 3 行。每行打印的内容由内层循环控制。由于图形的每一行由空格和“*”号组成，因此内层循环考虑使用两个 for 循环分别控制空格和“*”号的打印。分析图形，会发现三角形第一行 2 个空格，第二行 1 个空格，第三行无空格，也就是说空格的个数等于总行数减当前行。除此之外三角形的“*”号数量也是有一定规律的，第一行 1 个“*”，第二行 3 个“*”，第三行 5 个“*”，因此每行的星数和行数的关系呈等差数列关系。因此使用第一个内循环“for(j=1; j<=3–i; j++) printf(" ");”来控制空格的输出，这里表达式 j<=3–i，3 为总行数，i 表示当前所执行的行数，因此刚好控制了空格的输出。接着使用第二个内循环“for(k=1; k<=2*i–1; k++) printf("*");”用来控制“*”号的输出，用 k 代表第 i 行的“*”号数量，i 代表当前所在行，则 k 和 i 的关系恰好为 k=2*i–1，因此可以正确打印出“*”号，最终实现整个三角形的打印。

解决打印图案这类问题，需要仔细分析该图形每行的空格数和所在行的关系以及每行“*”号的数量和所在行号的关系，在使用嵌套循环实现打印图形时，外循环用来控制行数，而内循环则是用来控制每一行打印的内容，根据图形每行打印内容和所在行的关系编写代码，即可实现该图形的打印。

小练笔

小练笔 4.2.1-1

请仿照程序 4-03 实现平行四边形的打印。

穷举法指的是根据所需解决问题的条件，把该问题的所有可能的解一一列举出来，然后从这些可能的条件中逐一排查，直到获得某个结论。穷举法编程思路一般形式可以表示为：

```
for(列举所有可能情况)
{
    if(条件1满足&&条件2满足&&…&&条件n满足)
        输出结果之一或者累计符合所有条件的方案;
}
```

其中依据题目条件，这里的 for 循环可能为多重循环。当然也可以用其他循环语句或循环语句的嵌套实现穷举法的思想。程序 4-04-1 列举了穷举法解决问题的实例。

```
/**************************************************
程序编号：4-04-1
程序名称：百钱买百鸡
程序功能：用100元钱买100只鸡，公鸡5元/只，母鸡3元/只，小鸡1元3只，每种鸡至少1只，共有多少种买法？
程序输入：无
程序输出：输出所有可能的买法
**************************************************/
1  #include<stdio.h>
2  int main()
3  {
4   int nHen, nCock, nChick; //定义母鸡nHen、公鸡nCock和小鸡nChick变量
5   printf("All the posible solutions:\n");
6   for(nCock=1; nCock<=100; nCock++) //通过循环控制nCock值从1～100
7   {
8     for(nHen=1; nHen<=100; nHen++) //通过循环控制nHen值从1～100
9        for(nChick=1;nChick<=100;nChick++){ //通过循环控制nChick值从1～100
10    if(5*nCock+3*nHen+nChick/3==100&&nChick%3==0&&nHen+nCock+nChick==100){
                                   //判断当满足所有条件时，nHen、nCock和nChick的取值
11       printf("nCock=%d,nHen=%d,nChick=%d\n", nCock, nHen nChick);
12     }
13   }
14   return 0;
15 }
```

运行结果如图 4-7 所示。

```
All the posible solutions:
nCock=4,nHen=18,nChick=78
nCock=8,nHen=11,nChick=81
nCock=12,nHen=4,nChick=84

--------------------------------
Process exited after 0.124 seconds with return value 0
请按任意键继续. . .
```

图 4-7　程序 4-04-1 的运行结果

程序分析如下。

程序 4-04-1 就是使用穷举法的编程思想来实现的。分析题目，可以发现问题涉及了三种不同的鸡，因此用三重 for 循环列举所有可能的三种不同鸡数量的取值。由于每种鸡至少 1 只，并且不超过 100 只，因此循环的条件为 1～100。接着分析问题答案需要满足的条件，也就是题目给的用 100 元钱买 100 只鸡，公鸡 5 元/只，母鸡 3 元/只，小鸡 1 元 3 只。这里假设公鸡 nCock 只，母鸡 nHen 只，小鸡 nChick 只，因此题目的条件为：

```
5*nCock+3*nHen+1/3*nChick = 100
nCock+nHen+nChick = 100
nChick%3 = 0
```

也就是说，if 语句应该满足以上三个条件。根据上述分析进行编码，也就是程序 4-04-1 第 6～13 行所示。前三个嵌套的 for 循环用来遍历公鸡、母鸡、小鸡数量的可能性，而 for 循环中的 if 语句则是用来判断所有可能性中满足条件的可能性有哪些，并输出所有可能性。

从前面的讲解可以看出，穷举法是通过循环或循环嵌套实现的，因此是一种耗时的编程思路，因此应尽可能在循环中剔除不可能的条件，以提高运行的效率。下面将讲解程序 4-04-1 改进版本（程序 4-04-2），尽量减少循环，提高运行时间。

```
/************************************************
程序编号：4-04-2
程序名称：百钱百鸡改进版
程序功能：用100元钱买100只鸡，公鸡5元/只，母鸡3元/只，小鸡1元3只，每种鸡至少1只，共
有多少种买法？
程序输入：无
程序输出：输出所有可能的买法
************************************************/
1  #include<stdio.h>
2  int main()
3  {
4    int nHen, nCock, nChick;
5    printf("All the posible solutions:\n");
6    for(nCock=1;nCock<=20;nCock++)
7       for(nHen=1;nHen<=33;nHen++)
8       {
9         nChick = 100-nCock-nHen;
10        if(nChick%3==0&&5*nCock+3*nHen+nChick/3==100)
```

```
11          printf("nCock=%d,nHen=%d,nChick=%d\n", nCock, nHen, nChick);
12      }
13   return 0;
14 }
```


程序分析如下。

程序 4-04-1 所实现的算法时间复杂度太高，因此要加以改进。首先考虑缩小公鸡、母鸡、小鸡的取值范围。由于公鸡 5 元/只，母鸡 3 元/只，小鸡 1 元 3 只，百元如果都买公鸡，可以买 1～20 只，都买母鸡可以买 1～33 只，全部买小鸡最多可以买 99 只，最少可以买 3 只。因此根据这个范围修改 3 个 for 循环的执行条件，如下所示。

```
for(nCock=1;nCock<=20;nCock++)
    for(nHen=1;nHen<=33;nHen++)
        for(nChick=3;nChick<=99;nChick++){
    if(5*nCock+3*nHen+nChick/3==100&&nChick%3==0&&nHen+nCock+nChick==100)
        printf("nCock=%d,nHen=%d,nChick=%d\n", nCock, nHen nChick);
}
```

可以发现此时 nCock、nHen、nChick 的取值范围大大缩小，也就意味着 for 循环执行次数大大缩小了。但是这样依然要使用三重循环，算法的效率还是不够高，因此可以考虑减少循环的次数。仔细观察可以发现，当公鸡 nCock 和母鸡 nHen 确定后，小鸡 nChick 的数量也就确定下来了，即 nChick = 100–nCock–nHen。此时不需要使用程序 4-04-1 中的最内层循环控制 nChick 的取值，因此三重循环变成了两重循环，大大降低了循环次数。循环和内循环分别遍历所有公鸡、母鸡的可能性，当公鸡、母鸡数量确定下来后，可以直接计算小鸡的数量，第 9 行语句“nChick = 100–nCock–nHen;”用来计算小鸡的数量，当数量分配完后，则根据条件 5nCock+3nHen+1/3nChick = 100 和 z%3 == 0，输出所有满足条件的解。

小练笔 4.2.1-2

小练笔

小张过年发了 100 元购物券，他要买香皂（5 元/块）、牙刷（2 元/支）、洗发水（20 元/瓶），且所买东西恰好为 14 件，小张想要正好把 100 元花完，有几种购买组合？

4.2.2 循环的中断

前面介绍的循环都是根据事先指定的循环条件正常执行和终止的循环。但有时在某种情况下需要提早结束正在执行的循环操作，这就需要使用 break 语句或 continue 语句中断正在进行的循环。程序 4-05、4-06、4-07 分别介绍了 break 语句和 continue 语句的用法。

1. 循环中的 break

```
/**************************************************
程序编号：4-05(break)
程序名称：求和
程序功能：对从键盘上输入的若干正整数求和，遇到负数则终止程序，并且输入的数不超过10个
```

程序输入：输入一行正整数
程序输出：输出若干个数的和
***/

```
1  #include<stdio.h>
2  int main()
3  {
4    int x, num=10;
5    int sum=0;
6    for(int i=1; i<=num; i++)
7    {
8       printf("input x=");
9       scanf("%d",&x);
10      if(x<0)  break;
11      sum+=x;
12   }
13   printf("%d\n",sum);
14  }
```

运行结果如图4-8所示。

```
input  x=5
input  x=20
input  x=-6
25
--------------------------------
Process exited after 3.868 seconds with return value 0
请按任意键继续. . .
```

图4-8　程序4-05的运行结果

程序分析如下。

break语句的作用是使流程跳到循环体之外，接着执行循环体下面的语句。break语句只能用于循环语句和switch语句之中，不能单独使用。程序4-05第10行"if(x<0)　break;"中的break语句作用是跳出第6～12行的for循环，使程序直接跳至第13行执行，不再执行第11行的语句，此时sum的结果为所有的正整数累加和。**写break语句时，别忘记后面需要加";"，这是初学者易犯的错误。**

2．求素数的编程思想

素数是指在大于1的自然数中，除了1和它本身以外不再有其他因数的自然数，如17就是素数，因为它不能被2～16的任一整数整除。因此判断一个整数i是否是素数，只需让i除以2～i–1之间的整数，如果都不能被整除，那么i就是一个素数。程序4-06-1实现了求给定区间内的所有素数。

/***
程序编号：4-06-1(break)
程序名称：求区间内素数
程序功能：输出1～100的所有素数
程序输入：无
程序输出：输出1～100的所有素数

```
*********************************************/
1  #include<stdio.h>
2  int main()
3  {
4    int i, j;
5    for(i=2;i<=100;i++)
6    {
7       for(j=2; j<i; j++)
8         if(i%j==0)  break;
9       if(j==i)
10        printf("%d is a prime",i);
11   }
12   return 0;
13  }
```

运行结果如图 4-9 所示。

```
2 is a prime
3 is a prime
5 is a prime
7 is a prime
11 is a prime
13 is a prime
17 is a prime
19 is a prime
23 is a prime
29 is a prime
31 is a prime
37 is a prime
41 is a prime
43 is a prime
47 is a prime
53 is a prime
59 is a prime
61 is a prime
67 is a prime
71 is a prime
73 is a prime
79 is a prime
83 is a prime
89 is a prime
97 is a prime

--------------------------------
Process exited after 0.06294 seconds with return value 0
请按任意键继续. . .
```

图 4-9　程序 4-06-1 的运行结果

程序分析如下。

在嵌套循环（多重循环）中使用 break 语句时，break 语句会停止执行最内层的循环，然后开始执行该语句块之后的下一行代码。**也就是说，当有多重循环时，一个 break 语句只向外跳一层**。程序 4-06-1 中第 6～12 行为双重 for 循环的嵌套使用，内循环（第 7～8 行的 for 循环）中的 if 语句“if (i%j==0) break;”中使用了 break 语句跳出整个内循环，然后执行外循环中的 if 语句“if (j==i) printf("%d is a prime",i);”。

接下来分析程序 4-06-1 核心功能：首先使用一个 for 循环作为循环嵌套的外循环，循环变量 i 的值从 2～100 开始递增（1 不属于素数，循环条件决定了判断素数的区间），然后开始判断 i 是否为素数。使用一个 for 循环作为内循环，循环变量 j 的值从 2～i 递增。在内循环中使用 if 语句“if (i%j==0)　break;”判断 i%j 的值是否为 0，如果为 0，说明 i 能被

j 整除，则 i 不是素数，因此使用 break 语句提前跳出内循环；否则，当循环执行完都没有遇到 break 语句（即变量 i 不能整除 2～i–1），则表明 i 是一个素数。要注意的是，当内循环循环体执行完，先执行表达式“j++”，然后再判断表达式“j<i”是否成立，当 j=i 时，“j<i”不成立，跳出循环，开始执行接下来的 if 语句“if (j==i) printf("%d is a prime",i);”。若内循环自然结束，说明变量 i 不能整除 2～i–1，i 为素数，此时 j 的值恰好等于 i，输出 j 的值。

判断一个整数 i 是否为素数的方法可以简化。其实只需判断 i 是否被 2～$\sqrt{i}$ 的整数整除，若能整除则 i 不是素数，否则为素数。这样循环次数从 2～i–1 减少到 2～$\sqrt{i}$，这大大降低了循环次数，提高了执行效率。

为什么使 i 被 2～$\sqrt{i}$ 的整数除即可判定 i 是否是素数呢？假设整数 i 不是素数，则一定可以表示成：

$$m = i \times j \quad (\text{假定 } i <= j),$$

则 $$i^2 \leqslant i \times j = m \leqslant j^2$$

$$i \leqslant \sqrt{m} \leqslant j$$

通过以上公式推导，得知其中一个因子一定小于 $\sqrt{m}$。因此改进后的代码如程序 4-06-2 所示。

```
/************************************************
程序编号：4-06-2(break)
程序名称：求区间内素数改进版
程序功能：输出1～100的所有素数
程序输入：无
程序输出：输出1～100的所有素数
************************************************/
1  #include<stdio.h>
2  #include<math.h>
3  int main()
4  {
5    int i, j,k;
6    for(i=2;i<=99;i++)
7    {
8        k=sqrt(i);
9      for(j=2; j<=k; j++)
10         if(i%j==0) break;
11     if(j==k+1)
12         printf("%d is a prime\n",i);
13    }
14   return 0;
15 }
```

运行结果如图 4-10 所示。

程序分析如下。

与程序 4-06-1 的执行步骤基本相同，只是程序 4-06-2 改变了循环次数。需要注意的是，若变量 i 为素数，内循环（第 9～10 行）结束后，j 的值等于 k+1，因此判断后面的

if 语句时，判断的是 j 和 k+1 是否相等。

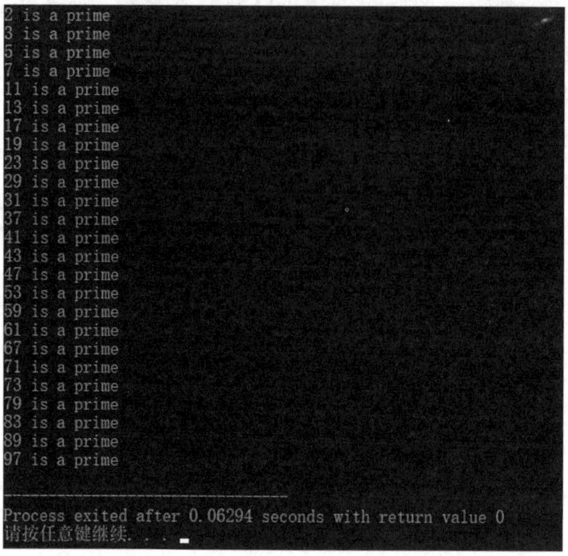

```
2 is a prime
3 is a prime
5 is a prime
7 is a prime
11 is a prime
13 is a prime
17 is a prime
19 is a prime
23 is a prime
29 is a prime
31 is a prime
37 is a prime
41 is a prime
43 is a prime
47 is a prime
53 is a prime
59 is a prime
61 is a prime
67 is a prime
71 is a prime
73 is a prime
79 is a prime
83 is a prime
89 is a prime
97 is a prime

--------------------------------
Process exited after 0.06294 seconds with return value 0
请按任意键继续. . .
```

图 4-10 程序 4-06-2 的运行结果

小练笔

小练笔 4.2.2-1

请仿照程序 4-06-2，编写程序实现将一个正整数分解质因数。例如，输入 90，打印出 90=2*3*3*5。

3．循环中的 continue 语句

break 语句是终止整个循环操作，有时并不希望终止整个循环，而只希望提前结束本次循环，接着执行下次循环，这时可以使用 continue 语句。程序 4-07 介绍了 continue 语句的用法。

```
/***********************************************
程序编号：4-07(continue)
程序名称：输出不能被3整除的数
程序功能：输出100～200不能被3整除的数
程序输入：无
程序输出：输出100～200不能被3整除的数
***********************************************/
1  #include<stdio.h>
2  int main()
3  {
4    int i;
5    for(i=100;i<=200;i++)
6    {
7       if(i%3==0)
8           continue;
9       printf("%d ",i);
```

```
10    }
11    return 0;
12  }
```

运行结果如图 4-11 所示。

```
100 101 103 104 106 107 109 110 112 113 115 116 118 119 121 122 124 125 127 128 130 131 133 134 136 137 139 140 142 143
145 146 148 149 151 152 154 155 157 158 160 161 163 164 166 167 169 170 172 173 175 176 178 179 181 182 184 185 187 188
190 191 193 194 196 197 199 200
--------------------------------
Process exited after 0.07305 seconds with return value 0
请按任意键继续. . .
```

图 4-11　程序 4-07 的运行结果

程序分析如下。

在程序 4-07 中，第 7、8 行的 if 语句用于判断变量 i 的值是否能被 3 整除，若 i 能被 3 整除（i%3 的结果为 0），则执行语句块中的 continue 语句，跳出本次循环，执行下一次循环；若 i 不能被 3 整除，则不会执行 continue 语句，而执行 printf 语句，输出不能被 3 整除的整数，printf 语句执行完后结束本次循环。根据 for 循环的执行顺序，此时求解表达式 i++，然后判断表达式 i<=200 是否成立，成立则继续执行 for 循环体语句，继续判断 i 能否被 3 整除。

小练笔

小练笔 4.2.2-2

请仿照程序 4-07，编写程序实现输出 100 以内能被 7 整除的数。

4.2.3　goto 语句

goto 语句也称为无条件转移语句，其语义是改变程序流向，转去执行语句标号所标识的语句，通常与条件语句配合使用，如程序 4-08 所示。

```
/***************************************************
程序编号：4-08(goto)
程序名称：统计个数
程序功能：统计从键盘输入一行字符的个数
程序输入：输入一行字符
程序输出：输出字符个数
***************************************************/
1  #include<stdio.h>
2  int main()
3  {
4     int n=0;
5     printf("input a string\n");
6     loop: if(getchar()!='\n')
7     {
8        n++;
9        goto loop;
```

```
10    }
11    printf("%d",n);
12    return 0;
13  }
```

运行结果如图 4-12 所示。

```
input a string
I am a student.
15
--------------------------------
Process exited after 6.806 seconds with return value 0
请按任意键继续. . .
```

图 4-12　程序 4-08 的运行结果

程序分析如下。

goto 语句也称为无条件转移语句，其语义是改变程序流向，转去执行语句标号所标识的语句，通常与条件语句配合使用。一般格式如下：

```
goto 语句标号;
```

程序 4-08 第 9 行“goto loop;”使用了 goto 语句，作用是转去执行 loop 标号所在的语句，即转去执行第 6 行“loop: if(getchar()!='\n')”。需要注意的是，loop 标号后面必须要加冒号“:”。

在程序 4-08 中，goto 语句放在 if 语句块内来构成了循环结构，相当于反复执行标号后的 if 语句“if(getchar()!='\n')”，直到条件不满足。执行流程为：首先执行 getchar()函数获得从键盘输入的一个字符，然后执行 if 语句块中的语句“n++;goto loop;”，其中变量 n 用来统计输入的字符的个数，变量 n 自增 1 后，执行 goto 语句，又跳转至第 6 行执行 if 语句，当用户按 Enter 键后，跳出循环，打印变量 n 的值，实现键盘输入字符个数的统计。整个流程相当于使用了一个 while 循环：

```
while(getchar()!='\n')
      n++;
```

在结构化程序设计中一般不主张使用 goto 语句，可能会造成程序流程的混乱，使理解和调试程序都变得困难。

4.2.4　循环嵌套的注意事项

循环结构的嵌套是指一个循环体内又包含一个或多个完整的循环结构。

1. 常见的循环嵌套结构

3 种循环结构（while 循环、do…while 循环、for 循环）都可以互相嵌套，以下都是合法的嵌套形式。

```
① while{
    while{
        语句1
   }
```

```
    语句2
}
② do{
      do{
          语句1
      }while()
      语句2
}while()
③ for( ; ;){
     for( ; ;){
          语句1
}
语句2
}
④ for( ; ;){
     while(){
          语句1
     }
     语句2
}
```

2．循环嵌套的执行顺序

循环嵌套的执行顺序为首先执行外循环，再依次执行内循环。接下来以双重 for 循环为例，介绍循环嵌套的具体执行步骤。标准的双重 for 循环如下：

```
for(表达式1;表达式2;表达式3)
{
    for(表达式4;表达式5;表达式6){
        语句1
    }
}
```

所对应的流程如图 4-13 所示。

其执行流程如下：

（1）执行外循环，判断循环条件，若满足则进入内循环，否则跳出循环。具体来说，先执行表达式 1，然后判断表达式 2 是否成立，若表达式 2 成立，则进入内循环。

（2）内循环依然判断循环条件，满足则进入内循环体。也就是首先执行表达式 4，然后判断表达式 5 是否成立，若成立则执行内循环体，也就是语句 1。

（3）内循环变量累加（执行表达式 6，回到（2））继续执行，直到不满足内循环条件，即跳出内循环。

（4）外循环变量累加（执行表达式 3，回到（1）执行，直到不满足外循环条件，循环嵌套结束。

3．转移语句

程序中的语句通常总是按顺序方向，或按语句功能所定义的方向执行的。但是在多重循环中有时需要改变程序的正常流向，也就是跳出循环，这时可以使用转移语句，主要包括 break 语句、continue 语句和 goto 语句。

1）break 语句

break 语句的作用是使流程跳到循环体之外，接着执行循环体下面的语句。break 语句只能用于循环语句和 switch 语句之中，不能单独使用。

break 语句的一般形式为：

```
break;
```

要注意的是，break 语句是在循环语句中使流程退出当前循环，当有多重循环时，一个 break 语句只向外跳一层。

2）continue 语句

continue 语句的作用是结束本次循环，即不再执行循环体中 continue 语句下面尚未执行的语句，转入下一次循环条件的判断与执行。

continue 语句的一般形式为：

```
continue;
```

应注意的是，continue 语句只能用于循环结构，且 continue 语句只结束本层本次的循环，并不跳出循环。

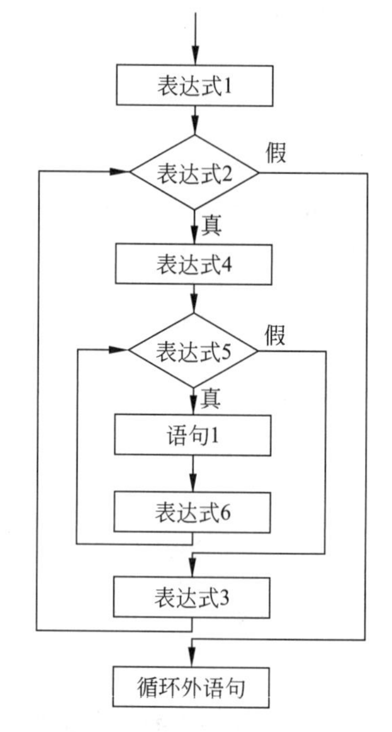

图 4-13　双重 for 循环流程

3）goto 语句

goto 语句也称为无条件转移语句，其语义是改变程序流向，转去执行语句标号所标识的语句，通常与条件语句配合使用。一般形式为：

```
goto  语句标号;
```

其中语句标号是按标识符规定书写的符号，放在某一语句行的前面，标号后加冒号(:)。语句标号起标识语句的作用，与 goto 语句配合使用。

4）break 语句和 continue 语句的区别

break 语句和 continue 语句都可以用来改变循环状态，提前结束正在执行的循环操作。但是 continue 语句只结束本次循环，而不是终止整个循环；break 语句则是结束当前整个循环过程，不再判断执行循环的条件是否成立。而且，continue 语句只能在循环语句中使用，即只能在 for、while 和 do…while 中使用，而 break 语句除了能在循环语句中使用，还可以在 switch 语句中使用。

4．循环嵌套的注意事项

嵌套时，要在一个循环体内包含另一个完整的循环结构。无论哪种嵌套关系，都必须将一个完整的循环语句全部放在某个循环体内，而不能使两个循环语句相互交叉。

图 4-14 所示的循环交叉结构是不允许的。

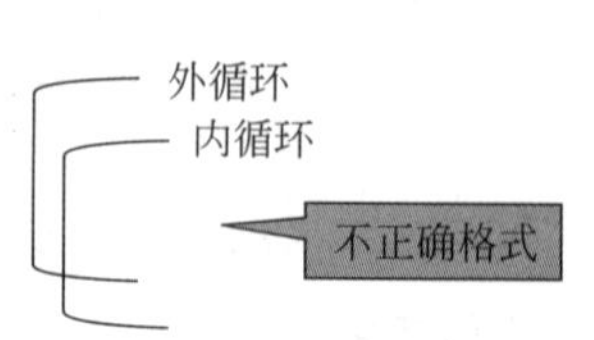

图 4-14　嵌套循环

如下面这种循环嵌套形式就是交叉结构，for 循环和 do…while

循环交叉了，是错误的循环嵌套。

```
do{
    语句
    for( ; ; )
{
        语句
    }while(表达式);
}
```

因此，使用循环嵌套要注意层与层之间必须清晰完整，就像跑道一样，有内圈和外圈。还需要注意的就是内循环和外循环的控制变量不要重名，否则会造成混乱。

循环嵌套的注意事项如下。

（1）内、外循环变量不能相同，内、外循环不得交叉。

（2）正确找出循环体，确定循环体所在的层次。

（3）明确内、外循环控制变量之间的关系。

5．用循环嵌套完成的几类问题总结

1）打印图案问题

打印图案问题是指在屏幕上显示一个指定的图案，如在屏幕上显示一个正三角形。对于打印图案这类问题，有一个整体的解决思路。通过观察可以发现，每个图形都是由若干行、若干列的符号组成的，因此可以考虑使用双重循环嵌套来解决。

这类题目的解决方法为：由外循环控制行数，内循环控制每行打印的内容，并根据图形每行打印内容和所在行的关系编写代码。

2）穷举法

穷举法指的是根据所需解决问题的条件，把该问题的所有可能的解一一列举出来，并逐个检验出问题的真正解的方法。穷举法通常用来解决这类要把所有满足条件的解一一列举出来的问题，如百钱买百鸡问题、求解素数问题等。

习　　题

1. 编写程序输出乘法口诀表。

2. 编写程序求最大公约数和最小公倍数。输入两个正整数 m 和 n（m≤1000，n≤1000），求其最大公约数和最小公倍数。

3. 求勾股数：输出 100 以内所有的勾股数。勾股数是满足 $x^2+y^2=z^2$ 的自然数。最小的勾股数为 3、4、5。要避免 3、4、5 和 4、3、4 这样重复的勾股数，为此，要保持关系“x<y<z”存在。

4. 求 Fibonacci 数列前 20 项的值：Fibonacci 数列的第一项和第二项都是 1，以后各项是前两项之和。

5. 用二分法求方程 $2x^3-4x^2+3x-6=0$ 在（–10，10）区间的根。

6. 编写一个菜单程序，分别可以输出“*”组成的正方形、菱形、上三角形、下三角形。

7. 求解兔子繁衍问题。一对兔子，从出生后第 3 个月起每个月都生一对兔子。小兔子长到第 3 个月后每个月又生一对兔子。假如兔子都不死，请问第 1 个月出生的一对兔子，至少需要繁衍到第几个月时兔子总数才可以达到 n 对?输入一个不超过 10000 的正整数 n，输出兔子总数达到 n 最少需要的月数。试编写相应程序。

8. 求 $S=1+(1+2)+(1+2+3)+\cdots+(1+2+3+\cdots+n)$，其中 n 由键盘输入。

※层次 3：C 语言程序设计的复合数据

层次 3 目标

- 适合读者：进阶学习的读者。
- 层次学习目标：会设计复合数据类型存储复杂数据，解决复杂问题。
- 技能学习目标：学会数组和结构体的定义、使用方法以及注意事项；学会使用数组、结构体处理批量数据和复杂数据。

第5章 构造数据类型

● 知识点和本章主要内容

本章将引入复杂的数据结构，包括一维数组、二维数组及字符数组。另外本章还将介绍结构体的定义与引用、枚举类型的使用。属于程序设计的第3个层次，因为引入了复杂的数据结构，可以设计更复杂的算法。本章将通过一串实例的讲解，使读者学会定义和使用复杂的数据结构。

5.1 一维数组

5.1.1 一维数组的定义和引用

前面使用了基本数据类型（如整型、实型、字符型），从本章开始，开始学习C语言中一些常用的构造数据类型。数组是C语言提供的一种最常见的构造数据类型，即由基本数据类型按一定规则组成。数组是有序数据的集合。数组中的每个元素都属于同一个数据类型，用一个统一的数组名和下标来唯一地确定数组中的元素。下面以一个实例来说明常用的一维数组的使用方式。

```
/***********************************************************************
程序编号：5-01
程序名称：某班级学生成绩的输入和输出
程序功能：实现一个一维浮点型数组的定义与元素的引用
程序输入：整型变量
程序输出：数组的结果
***********************************************************************/
1  int main()
2   {
3     int i;
4     float score[5];
5     printf("Please Input:\n");
6     for (i=0; i<=4; i++)  scanf("%f", &score[i]);
7     printf("The Output:\n");
```

数组定义的基本形式：

存储类型（省略） 数据类型 数组名[常量表达式]

利用循环实现数组元素的引用及赋值

```
8     for (i =0; i<=4; i++) printf("%2.1f ", score[i]);
9     return 0;
10  }
```

利用循环实现数组元素的逐个输出

运行结果如图 5-1 所示。

```
Please Input:
77 82.5 89 96 63.5
The Output:
77.0 82.5 89.0 96.0 63.5
--------------------------------
Process exited after 21.79 seconds with return value 0
请按任意键继续. . .
```

图 5-1　程序 5-01 的运行结果

程序分析如下。

数组元素是组成数组的基本单元，数组元素用数组名和下标确定。但是定义之后，数组中的存储内容并没有确定，那么该如何引用数组元素和初始化呢？首先，来了解一维数组的存储结构：C 语言在编译时给数组分配一段连续的内存空间。

```
内存字节数=数组元素个数*sizeof(元素数据类型)
```

数组元素按下标递增的次序连续存放。数组名是数组所占内存区域的首地址，即数组第一个元素存放的地址。

例：“int a[5];” 假设首地址是 2000：

a[0]	a[1]	a[2]	a[3]	a[4]		

内存地址为：2000、2002、2004、2006、2008。

占用字节数为：5*sizeof(int)=5*2=10。

在程序例中使用了一个 for 循环来实现数组元素逐个引用和初始化，数组元素用数组名和下标确定，用下标表示了元素在数组中的顺序号，可以看出，一维数组的引用形式为：

```
数组名[下标]
```

其中下标可以是整型常量、整型变量或整型表达式。例如，有定义：

```
int t,a[10],i=2;
```

则以下都是正确的表达式：

```
t=a[6];
a[0]=a[i]+a[i+1];
```

其中下标可以是整型常量、整型变量或整型表达式。例如，有定义：

```
int t,a[10],i=2;
```

则以下都是正确的表达式：

```
t=a[6];
a[0]= a[i]+a[i+1];
```

引用说明：

（1）必须像使用变量那样，先定义，再使用，如以下操作是错误的：

```
int x=a[2];
int a[10];
```

（2）下标的最小值为 0，最大值是数组长度（元素个数）减 1。在程序 5-01 中，定义了数组 score[5]，使用时不能使用 score[20]，否则产生数组越界。C 语言对数组不作越界检查，使用时要注意！

（3）在 C 语言中只能对数组元素进行操作，不能一次对整个数组进行操作。例如，要输出有 10 个元素的数组，则必须使用循环语句逐个输出各下标变量：

```
for(i=0; i<10; i++)
    printf("%d",a[i]);
```

而不能用一条语句输出整个数组。

下面的写法是错误的：

```
printf("%d",a);
```

（4）引用形式：数组名[下标表达式]，其中，下标表达式可以是常量、变量、表达式，但必须是整数。

如定义数组：double student[12]，则 student [0]、student [j]、student [i+k]均合法，但系统并不自动检验数组元素下标是否越界，因此编程时要注意。

（5）一个数组元素实际上就是一个变量，在内存中占用一个存储单元。可以把数组元素看作一个变量来使用。

（6）一维数组不能整体引用，数组名中存放的是一个地址常量，它代表整个数组的首地址。学习指针时，引用的变量的地址就是变量中第一字节的地址。数组的首地址也是它的第一个元素的第一字节的地址，即它的首地址。数组的首地址存放在数组名中。所以说，数组名就代表一个地址。数组名是一个地址值。

数组遍历时要注意以下几点。

（1）最好避免出现数组越界访问，循环变量最好不要超出数组的长度，例如：

```
int arr[3] = {1,2,3};
printf("%d\n",arr[3]);  //越界访问
```

（2）C 语言的数组长度一经声明，长度就是固定的，无法改变，并且 C 语言并不提供计算数组长度的方法。由于 C 语言是没有检查数组长度改变或数组越界的这个机制，可能会在编辑器中编译并通过，但是结果不能保证正确了，因此还是不要越界或者改变数组的长度。

程序 5-01 实现了某班级学生成绩输入与输出功能。其中，第 4 行代码的含义是定义了名为 score 的数组，这个数组的长度是 5 ，即此处定义的数组 score 包含 5 个数组元素，用来存储 5 名学生的成绩。每个数组元素的数据类型为浮点型。

小练笔 5.1.1

小练笔

请仿照程序 5-01，编写程序实现用户输入 10 个整数，程序输出 10 个整数。

5.1.2 一维数组的遍历

在使用数组时，经常需要对数组中的元素进行各种查找和计算，例如，获取数组中元素的最大值及平均值等，这时，就需要掌握如何利用数组下标对数组中的元素进行遍历，在遍历的同时完成所需要的查找或计算结果。接下来通过一个例子来演示如何通过数组元素遍历来实现查找某班级成绩中的最高分以及计算整个班级的平均分，如程序 5-02 所示。

```
/*************************************************************************
程序编号：5-02
程序名称：查找某班级学生成绩中的最高分及平均分
程序功能：求取一维数组中的最大值和平均值
程序输入：整型变量
程序输出：数组的结果
*************************************************************************/
1  #include<stdio.h>
2  int main()
3  {
4   int i;
5   float score[5];
6   printf("Please Input:\n");
7   for (i=0; i<=4; i++)  scanf("%f", &score[i]);
8   float nMax= 0;
9   float nAvg = 0;
10  for (i = 0; i<=4; i++)
11     {
12         nAvg = nAvg + score[i];
13         if (score[i] > nMax)
14             {
15                 nMax = score[i];
16              }
17     }
    nAvg = nAvg/5;
    printf("The Highest Score:%2.1f\n", nMax);
    printf("The Average Score:%2.1f\n", nAvg);
    return 0;
}
```

（第 8～9 行）定义浮点型变量nMax和nAvg，分别用来存储最高分和平均分

（第 10～17 行）(1)通过数组下标循环实现数组元素遍历
(2)将最大值存入nMax

（nAvg = nAvg/5;）计算平均分

（两条 printf 语句）输出最高分和平均分

运行结果如图 5-2 所示。

```
Please Input:
88 94.5 81 79 63.5
The Highest Score:94.5
The Average Score:81.2

--------------------------------
Process exited after 24.41 seconds with return value 0
请按任意键继续. . .
```

图 5-2 程序 5-02 的运行结果

程序分析如下。

在程序 5-02 中，通过实现求取数组 score 最大值的功能来找到学生成绩中的最高分。在代码中，首先假定数组中的第一个元素为最大值，并将其赋值给变量 nMax，然后，通过一个 for 循环对数组中的其他元素进行遍历，如果发现比 nMax 值大的元素，就将该数组元素赋给变量 nMax，当数组元素遍历完成后，nMax 中存储的就是数组中的最大值。

当想要得到整个班级的平均分时，此时，需要两步操作。首先要计算全班成绩的总和，然后再除以全班人数即可得到平均分，因此，仍然需要通过数组元素遍历，才能求得所有成绩的累加和，最后再通过除法操作得到平均分。

小练笔

小练笔 5.1.2

给定数组 a[i]={1, 3, 4, 12, 34, 45, 9, 67, 7, 10}；试编程实现让数组每个元素变为原来的 2 倍，并求转换后的数组和。

5.1.3 冒泡排序法

排序就是排顺序，也就是将数据以由小至大或由大至小的顺序整理好的一种算法。排序是计算机学科中一项复杂而重要的技术，在各种计算机应用中使用频率都很高，因此专家们研究了各种排序算法，如冒泡排序法、选择排序法、插入排序法等。在学习过程中，常以冒泡排序来讲解排序的原理。冒泡排序是一种简单的排序算法，它重复地走访要排序的数列，一次比较两个元素，如果它们的顺序错误就把它们交换过来。走访数列的工作是重复地进行直到没有再需要交换，也就是说该数列已经排序完成。这个算法名字的由来是因为越小（或越大）的元素会经由交换慢慢“浮”到数列的顶端。

在要排序的一组数中，对当前还未排好序的范围内的全部数，自上而下对相邻的两个数依次进行比较和调整，让较大（或较小）的数往下沉，较小（或较大）的数往上冒。即每当两相邻的数比较后发现它们的排序与排序要求相反时，就将它们互换。

下面以从小到大的顺序排序为例说明排序过程。

第一步，从第一个元素开始，将相邻的两个元素依次进行比较，直到最后两个元素完成比较。如果前一个元素比后一个元素大，则交换它们的位置。整个过程完成后，数组中最后一个元素自然就是最大值，这样也就完成了第一轮的比较。

第二步，除了最后一个元素，将剩余的元素继续进行两两比较，过程与第一步相似，这样就可以将数组中第二大的数放在倒数第二个位置。

第三步，以此类推，持续对越来越少的元素重复上面的步骤，直到没有任何一对元素需要比较为止。

下面通过一个例子来观察排序的整个过程。假设输入的原始数列为 5 个数，对这 5 个数通过冒泡排序法进行排序（由小到大）。

图 5-3 为冒泡排序法的完整排序过程，并给出了每趟排序实现的代码。

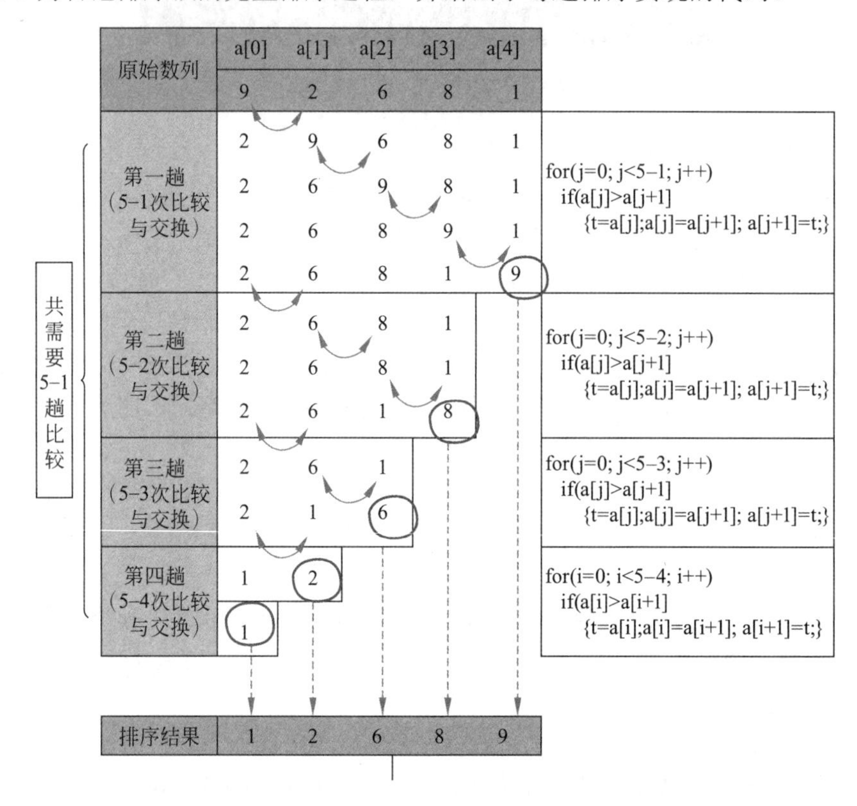

图 5-3　冒泡排序法

如图 5-3 所示，令数组 a[5]存储待比较的原始数列，并定义临时变量 t，根据冒泡排序法的思想，在第一趟比较中，数组下标从 0 开始对元素进行遍历，并比较两相邻元素的大小，如果它们的顺序错误则通过临时变量 t 交换两相邻元素的位置，直至最后一个元素，最终将数列中最大元素存储于 a[4]中，第一趟需要进行 5–1 次比较。

由于数列中最大的元素已被挑出，在第二趟比较中，只需对数组的前 4 个元素进行排序，数组下标依旧从 0 开始遍历，按照同样的方式比较相邻两元素的大小，最终将 a[0]～a[3]元素中最大值存储于 a[3]，第二趟需要 5–2 次比较。以此类推，整个排序过程共需要比较的趟数=待比较的元素个数–1。

图 5-3 右侧给出了每趟排序实现的代码，通过右侧的代码可以观察到，每趟比较具有完全相同的代码结构，唯一的区别就是随着比较趟数的增加，每趟比较的次数逐渐减小，因此，可以通过引入新的环变量 i 控制每趟比较的次数。通过观察可以看到每趟比较的次数与趟数存在这样的关系：每趟比较的次数=待比较的元素个数–当前比较的趟数。

因此，通过两重循环分别控制比较的趟数以及每趟比较的次数即可实现完整的冒泡排序过程。接下来通过一个完整的程序来验证冒泡排序法，对 10 个整型数据进行排序，需要比较的趟数=待比较的元素个数–1，则外层循环需要 10–1 次。冒泡排序比较稳定可靠，结构简单，不过运行速度较慢，例如，对于一组已经基本排好序的数列经过很少的轮数就可以排完，但是循环次数依然是固定的，这种情况下增加了大量操作。

接下来通过一个完整的程序实例来验证冒泡排序法（见程序 5-03）。

```
/************************************************************************
程序编号：5-03
程序名称：按照从低到高的顺序输出某个班级所有学生的成绩
程序功能：将一个无序的一维数组按从小到大的顺序排序成一个有序的一维数组
程序输入：学生人数、学生成绩，并使用数组存储
程序输出：排序后的成绩
************************************************************************/
1  #include<stdio.h>
2  int main()
3  {
4    int x, num=10;

5  #include<stdio.h>
6  int main()
7  {
8   int i, j, score[10], temp;
9   printf("请输入10个整型数据：\n ");
10  for (i=0; i<=9; i++) scanf("%d", &score[i]);      → 利用循环实现数组元素引用及赋值
11  printf("原始数据：");
12  for (i=0; i<=9; i++) printf("%d\t", score[i]);    → 按顺序输出原始数据
13  printf("\n");
14
15  for(i=0;i<10-1;i++)
16     for(j=0;j<10-1-i;j++)
17        if(score[j]> score[j+1])
18        {
19           temp= score [j];
20           score[j]=score[j+1];
21           score [j+1]=temp;
22        }
                                                     → 冒泡排序过程：
                                                       外层循环变量i控制比较的趟数
                                                       内层循环变量j控制每趟比较的次数
23
24  printf("排序后：  ");                             → 输出排序结果
25  for(i=0;i<10;i++) printf("%d\t", score[i]);
26  printf("\n");
27  return 0;
28  }
```

运行结果如图 5-4 所示。

```
请输入10个整型数据：
 15 82 17 99 62 73 45 8 16 70
原始数据：15    82    17    99    62    73    45    8     16    70
排序后：  8     15    16    17    45    62    70    73    82    99

--------------------------------
Process exited after 35.05 seconds with return value 0
请按任意键继续. . .
```

图 5-4　程序 5-03 的运行结果

程序分析如下。

图 5-3 清楚地展示了整个冒泡排序的过程，通过图 5-3 的分析可以知道，冒泡排序需要通过双重循环来实现：外层循环变量 i 控制进行的趟数，内层循环变量 j 控制每轮比较的次数。

在本例中，需要对 10 个整型数据进行排序，需要比较的趟数=待比较的元素个数减小 1，则外层循环需要 10 减小 1 次。

小练笔

小练笔 5.1.3

请仿照程序 5-03，编写程序实现用冒泡排序算法对以下 10 个数字按照从小到大的顺序输出：

100、–89、6、22、89、1、38、41、–6、0

5.1.4　选择排序法

选择排序法的重点是：各就各位，并且只用到两个基本的动作——比较和交换。假设共有 n 个数需要被排序，选择排序法的执行步骤就是：第一次循环执行完成时，最大的数被放在第一个位置，第二次循环执行完成时，第二大的数被放在第二个位置……共需要 n–1 次循环（因为前 n–1 个数都排好后，剩下的唯一一个数一定是最小的，刚好也放在第 n 个位置，所以第 n 次循环不用执行）。

因此，选择排序法的基本步骤可以归纳如下：

步骤 1：假设有 N 个数要排序，令 i=1；

步骤 2：找出第 i 大的数；

步骤 3：把第 i 大的数和第 i 个位置的数做交换；

步骤 4：i 加上 1 后，重复步骤 2 和步骤 3，直到 i=N–1（也就是 N–1 次循环结束）。

下面，通过图 5-5 来观察排序的整个过程。假设输入的原始数列为 5 个数，对这 5 个数通过选择排序法进行排序（由小到大）。

接下来通过程序 5-04 展示选择排序法。

```
/*************************************************************************
程序编号：5-04
程序名称：按照从低到高的顺序输出某数列
程序功能：用选择排序法将数列按照从小到大的顺序排序
程序输入：原始数列并使用数组存储
程序输出：排序后的数列
```

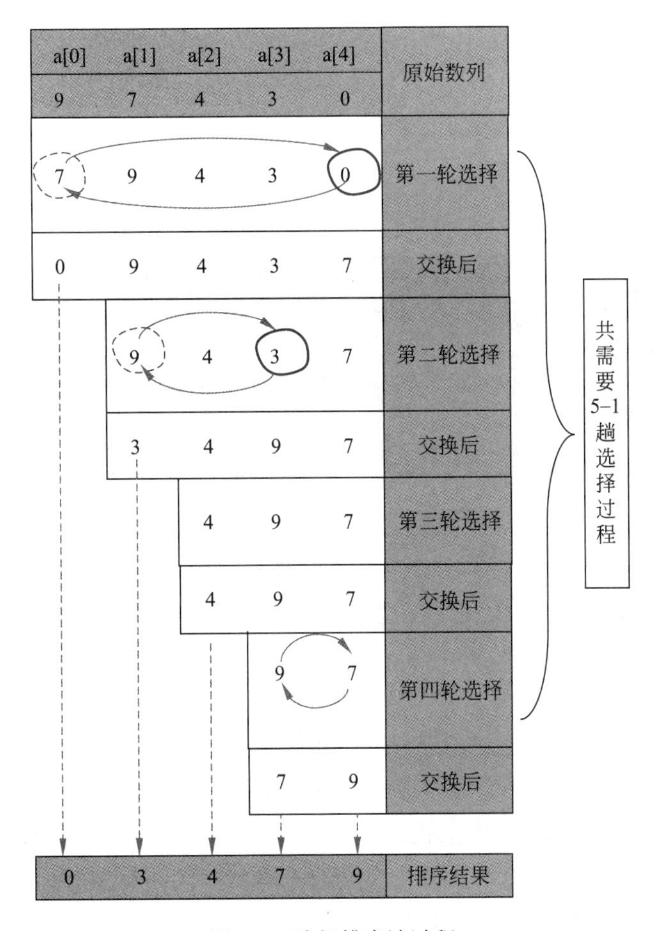

图 5-5　选择排序法过程

```
***************************************************************************/
1  #include<stdio.h>
2  int main()
3  {   int a[10],i,j,k,t;
4      printf("Input 10 Numbers:\n");
5      for(i=0;i<10;i++)
6         scanf("%d",&a[i]);
7      printf("\n");
8
9      for(i=0;i<10-1;i++)
10      {
11        k=i;
12        for(j=i+1;j<=10;j++)
13           if(a[j]<a[k])  k=j;
14
15        if(i!=k)
16           {t=a[i]; a[i]=a[k]; a[k]=t;}
17      }
18     printf("The Sorted Numbers:\n");
```

第5～7行：数据输入

第9行：控制选择的趟数

第12～14行：通过筛选法找出本轮数列中最小的元素的下标，并赋值给参数k

第15～16行：通过for循环，比较a[i]元素与a[k]元素

```
19      for(i=0;i<10;i++)
20        printf("%d ",a[i]);
21      return 0;
22    }
```

运行结果如图 5-6 所示。

```
Input 10 Numbers:
17 32 90 67 228 41 89 66 105 34

The Sorted Numbers:
17 32 34 41 47 66 67 89 90 105
--------------------------------
Process exited after 4.371 seconds with return value 0
请按任意键继续. . .
```

图 5-6　程序 5-04 的运行结果

程序分析如下。

简单选择排序同样是通过二重循环实现，外层循环控制选择的趟数，内层循环通过筛选法找出本轮数列中最小的元素的下标，然后将本轮最小的数放置在第一个元素的位置，通过 10–1 趟排序后，排序结束。

选择排序与冒泡排序的区别在于（从小到大排序）：冒泡排序每经过一次内层循环就将当前数组中的最大值交换到数组的最后位置（并且是相邻元素之间交换才到达最后的位置），而选择排序法先不急于调换位置，先从 a[i+1]开始逐个检查，看哪个数最小就记下该数所在位置的索引 k，第一趟扫描完毕，如果存在 a[k]<a[i]，再把 a[k]和 a[i]对调，这时 a[i]到 a[10]中最小的数据就换到了最前面的位置。

小练笔 5.1.4

小练笔

请仿照程序 5-04，编写程序实现用选择排序算法对以下 10 个数字按照从大到小的顺序输出：

100、–89、6、22、89、1、38、41、–6、0

并体会冒泡排序与选择排序的异同点。

5.1.5　插入排序法

插入排序（insertion sorting）法的基本思想是：每次将一个待排序的记录按其值的大小插入一个已经排好序的有序序列中，直到全部记录排好序。具体步骤可描述如下。

步骤 1：从第一个元素开始，该元素可以认为已经被排序；

步骤 2：取出下一个元素，在已经排序的元素序列中从后向前扫描；

步骤 3：如果该元素（已排序）大于新元素，将该元素移到下一位置；

步骤 4：重复步骤 3，直到找到已排序的元素小于或等于新元素的位置；

步骤 5：将新元素插入该位置；

步骤 6：重复步骤 2～5。

图 5-7 通过一个实际的数列{9, 2, 6 ,8, 1}来观察插入排序的整个过程，对这 5 个数通过插入排序法进行排序（由小到大）。

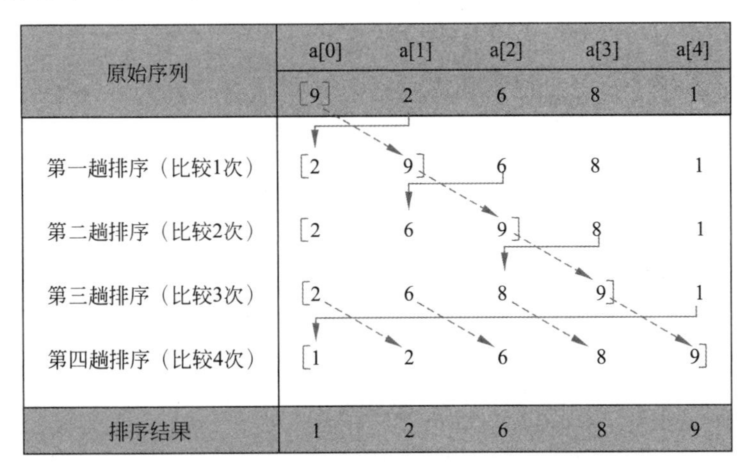

图 5-7　插入排序法

首先第一趟，将第一个序列中第一个元素 9 保留，将第二个元素 2 和其比较，第二个元素比第一个元素大，因此，将其交换位置。第二趟，保留第一个和第二个元素，将第三个元素和第二个元素进行比较，如果大就插到第二个元素后面，如果小就插到第二个元素前面；接着和第一个元素比较，如果大就插到第一个元素后面，如果小就插到第一个元素前面，重复该步骤，直至排序完毕（[ ]内为每轮排好的有序序列）。整个排序趟数=序列的长度–1。

接下来请看程序 5-05，该程序实现了上文介绍的插入排序法的思路。

```
/************************************************************************
程序编号：5-05
程序名称：按照从低到高的顺序输出某个班级所有学生的成绩
程序功能：用插入排序法实现学生成绩的排序功能
程序输入：学生人数、学生成绩，并使用数组存储
程序输出：排序后的成绩
************************************************************************/
1  #include<stdio.h>
2  int main()
3  {
4     int i, j, k;
5     int score[] = {82,71,65,96,91,54};
6     int ilen = sizeof(score)/sizeof(int);
7     printf("排序前的成绩:");
8     for (i=0; i<ilen; i++)                 ——> 输出排序前的成绩
9        printf("%d ", score[i]);
10    printf("\n");
```

```
11
12    for (i = 1; i < ilen; i++)
13    {
14        for (j = i - 1; j >= 0; j--)
15            if (score[j] < score[i])
16                break;
17
18        if (j != i - 1)
19        {
20            int temp = score[i];
21            for (k = i - 1; k > j; k--)
22                score[k + 1] = score[k];
23
24            score[k + 1] = temp;
25        }
26    }
27    printf("排序后的成绩:");
28    for (i=0; i<ilen; i++)
29        printf("%d ", score[i]);
30    printf("\n");
31    return 0;
32 }
```

插入排序过程（第 12～26 行）

为score[i]在前面的score[0...i-1]有序区间中找一个合适的位置（第 14～16 行）

判断是否找到一个合适的位置（第 18 行）

将比score[i]大的数据向后移（第 20～22 行）

将score[i]放到正确位置上（第 24 行）

输出排序后的成绩（第 27～30 行）

运行结果如图 5-8 所示。

```
排序前的成绩:82 71 65 96 91 54
排序后的成绩:54 65 71 82 91 96

--------------------------------
Process exited after 0.08249 seconds with return value 0
请按任意键继续. . .
```

图 5-8　程序 5-05 的运行结果

程序分析如下。

选择排序的基本算法是从待排序的区间中经过选择和交换后选出最小的数值存放到score[0]中，再从剩余的未排序区间中经过选择和交换后选出最小的数值存放到 score [1]中，score [1]中的数字仅大于 score [0]，以此类推，即可实现排序。

小练笔 5.1.5

小练笔

请仿照程序 5-05，编写程序实现用插入排序算法对以下 10 个数字按照从小到大的顺序输出：

100、–89、6、22、89、1、38、41、–6、0

对比插入排序算法与前面两种排序算法的异同点。

5.2 二 维 数 组

5.2.1 二维数组的定义和引用

在实际的工作中，仅仅使用一维数组是远远不够的。例如，一个学习小组有 5 个人，每个人有三门课的考试成绩，如果使用一维数组解决是很麻烦的。这时，可以使用二维数组，如程序 5-06 所示。

```
/************************************************************************
程序编号：5-06
程序名称：三个学习小组学生成绩的输入和输出
程序功能：实现一个二维浮点型数组的定义与元素的引用
程序输入：学生人数、学生成绩，并使用二维数组存储
程序输出：数组的结果
************************************************************************/
1  #include<stdio.h>
2  int main()
3  {
4   int score[3][5], i, j;
5   printf("输入成绩:\n");
6   for(i=0;i<=2;i++)
7       for(j=0;j<=4;j++)
8          scanf("%d",&score[i][j]);
9
10  printf("输出成绩:\n");
11  for(i=0;i<=2;i++)
12  {
13      for(j=0;j<=4;j++)
14          printf("%d ", score[i][j]);
15      printf("\n");
16  }
17
18  return 0;
19  }
```

通过二重循环实现数组元素赋值

通过二重循环实现数组元素输出

运行结果如图 5-9 所示。

```
输入成绩:
91 98 73 86 95 65 61 90 88 63 79 47 83 89 72
输出成绩:
91 98 73 86 95
65 61 90 88 63
79 47 83 89 72

--------------------------------
Process exited after 1.976 seconds with return value 0
请按任意键继续. . .
```

图 5-9　程序 5-06 的运行结果

程序分析如下。

程序 5-06 实现了 3 组同学成绩的输入与输出功能，这需要访问数据中的每个元素。与程序 5-01 类似，程序 5-06 也是通过循环实现数组的遍历。由于是二维数组，因此使用二重循环实现，循环变量的值控制数组元素的下标，如 6～9 行的语句块和 11～16 行的语句块。

二维数组的引用方式同一维数组的引用方式一样，也是通过数组名和下标的方式来引用数组元素的。

二维数组的定义方式与一维数组类似，其语法格式如下：

```
类型说明符 数组名[常量表达式1][常量表达式2];
```

在上述语法格式中，“常量表达式 1”被称为行下标，“常量表达式 2”被称为列下标。例如，定义一个 3 行 4 列的二维数组，具体如下：

```
int a[3][4];
```

在上述定义的二维数组中，共包含 3×4 个元素，即 12 个元素。接下来，通过一张图来描述二维数组 a 的元素分布情况，如图 5-10 所示。

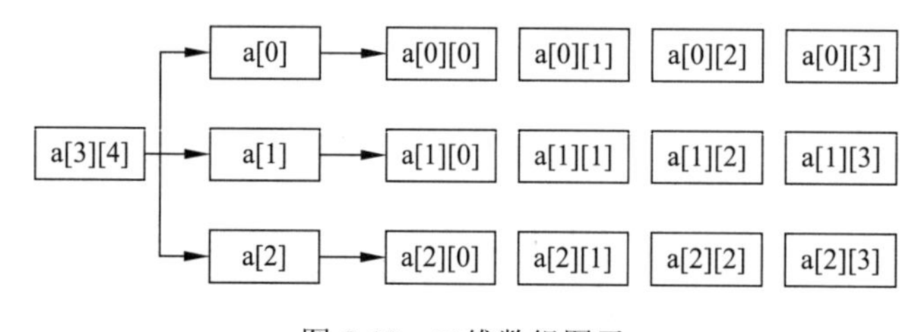

图 5-10　二维数组图示

从图 5-10 中可以看出，二维数组 a 是按行进行存放的，先存放 a[0]行，再存放 a[1]行、a[2]行，并且每行有四个元素，也是依次存放的。

完成二维数组的定义后，需要对二维数组进行初始化，初始化二维数组的方式有四种，具体如下。

（1）按行给二维数组赋初值。例如：

```
int a[2][3] = {{1,2,3},{4,5,6}};
```

在上述代码中，等号后面有一对大括号，大括号中的第一对括号代表的是第一行的数组元素，第二对括号代表的是第二行的数组元素。

（2）将所有的数组元素按行顺序写在一个大括号内。例如：

```
int a[2][3] = {1,2,3,4,5,6};
```

在上述代码中，二维数组 a 共有两行，每行有三个元素，其中，第一行的元素依次为 1、2、3，第二行元素依次为 4、5、6。

（3）对部分数组元素赋初值。例如：

```
int b[3][4] = {{1},{4,3},{2,1,2}};
```

在上述代码中，只为数组 b 中的部分元素进行了赋值，对于没有赋值的元素，系统会自动赋值为 0，数组 b 中元素的存储方式如图 5-11 所示。

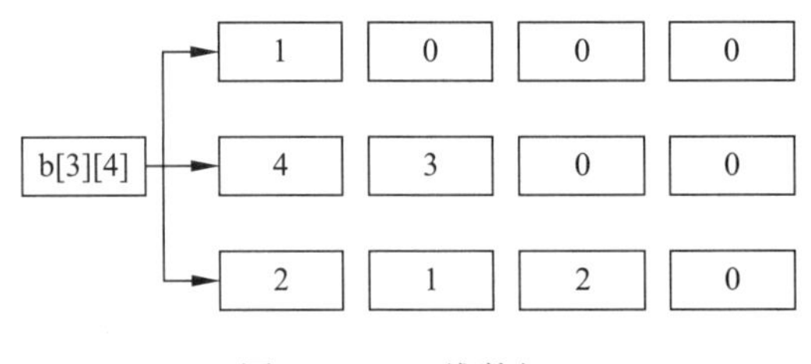

图 5-11　二维数组 b

（4）如果对全部数组元素置初值，则二维数组的第一个下标可省略，但第二个下标不能省略。例如：

```
int a[2][3] = {1,2,3,4,5,6};
```

可以写为

```
int a[][3] = {1,2,3,4,5,6};
```

系统会根据固定的列数，将后边的数值进行划分，自动将行数定为 2。

小练笔

小练笔 5.2.1

一个学习小组有 5 个人，每个人有三门课的考试成绩（见下表）。求全组分科的平均成绩和各科总平均成绩。

学生	数学	英语	语文
张	80	75	92
王	61	65	71
李	59	63	70
赵	85	87	90
周	76	77	85

5.2.2　用二维数组进行矩阵运算

数学中的行列矩阵，在计算机实现时，通常使用二维数组来描述，即用二维数组的第一维表示行，第二维表示列。生活中凡是能抽象为对象及对象的若干同类型属性的问题，一般可用二维数组来描述。

例如，表示一个班级学生的语文、数学、外语、C 语言 4 门课的成绩数据。该问题可把每个学生看成一个对象，用二维数组的第一维来表示，如果有 50 个学生，则可设定二维数组第一维的大小为 50；成绩可看成每个对象的属性，且均可使用整型表示，可用二维数组的第二维来表示，每个对象（学生）含 4 个属性（4 门课程），故第二维大小可设为 4。

再例如，某公司统计某产品的某个月份的销量数据。该问题可以把一周当成一个对象，一个月含 4 周，故 4 个对象，二维数组第一维可设为 4；日销售量可看成每个对象的属性，可用二维数组的第二维表示，对象（每周）含有 7 个属性（7 天的日销售量），故二维数组的第二维可设为 7。

在数学中，对于矩阵的处理是一类常见的数学问题，因此，可以通过 C 语言中的二维数组来实现数学中的矩阵运算。首先，利用二维数组来实现一个矩阵的存储、输入输出以及转秩，如程序 5-07 所示。

```
/*************************************************************************
程序编号：5-07
程序名称：矩阵的存储、输入输出与矩阵转秩的运算
程序功能：由键盘对3×3的二维数组初始化，用二维数组实现矩阵的存储、输入输出与转秩运算
程序输入：定义一个3×3整型二维数组来存放矩阵
程序输出：矩阵的转秩
*************************************************************************/
1  #include<stdio.h>
2  #include<stdlib.h>
3  #define N 3
4  int main()
5  {
6    int i,j,t;
7    int array[N][N];
8
9    printf("请输入原始矩阵元素:");
10   for(i=0;i<N;i++)
11      for(j=0;j<N;j++)
12         scanf("%2d",&array[i][j]);         利用二维数组初始化实现矩阵的输入
13   printf("\n");
14   printf("原始输入矩阵:\n");
15   for(i=0;i<N;i++)
16   {
17      for(j=0;j<N;j++)
18          printf("%2d",array[i][j]);        利用二维数组实现矩阵的输出
19      printf("\n");
20   }
21   printf("\n");
22
23   for(i=0;i<N;i++)
24   {
25      for(j=0;j<i;j++)
26      {
27          t=array[i][j];                    通过一维与二维下标互换，实现矩阵转秩运算
28          array[i][j]=array[j][i];
29          array[j][i]=t;
30      }
31   }
32
```

```
33  printf("转秩矩阵:\n");
34  for(i=0;i<N;i++)
35  {
36     for(j=0;j<N;j++)
37         printf("%2d",array[i][j]);
38     printf("\n");
39  }
40   system("pause");
41   return 0;
42  }
```

转秩矩阵的输出

运行结果如图 5-12 所示。

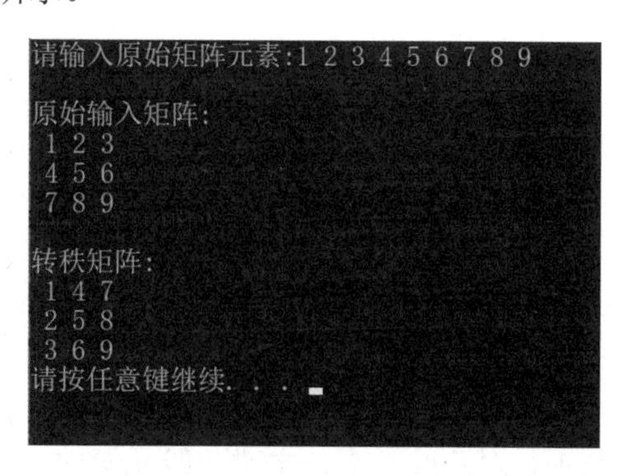

图 5-12　程序 5-07 的运行结果

程序分析如下。

C 语言中的二维数组可以用来存储矩阵，并且实现各种矩阵运算。在本例中，利用二维数组来存储矩阵，二维数组的一维与二维下标对应矩阵的行标与列标，通过置换二维数组一维与二维下标实现矩阵的转秩运算。

再举一个例子，由键盘对 4×4 的二维数组初始化，计算其两条对角线元素之和并输出（见程序 5-08）。

```
/***************************************************************************
程序编号：5-08
程序名称：计算矩阵对角线元素之和并输出
程序功能：由键盘对4×4的二维数组初始化，计算其两条对角线元素之和并输出
程序输入：定义一个4×4整型二维数组来存放矩阵
程序输出：两条对角线元素之和
***************************************************************************/
1  #include"stdio.h"
2  int main()
3  {
4   int i, j, sum;
5   int angs[4][4];
6   printf("请输入矩阵:\n");
7   sum = 0;
```

```
8   for(i = 0; i < 4; i++)
9     for(j = 0; j < 4; j++)
10    {
11        scanf("%d", &angs[i][j]);
12        if(i == j || i+j == 3)
13            sum += angs[i][j];
14    }
15  printf("两对角线元素之和为：%d\n", sum);
16  return 0;
17  }
```

二重循环实现数组元素初始化

判断数组元素下标是否是对角线元素

运行结果如图 5-13 所示。

```
请输入矩阵:
1 3 24 35 9 43 81 29 38 20 57 66 32 91 28 45
两对角线元素之和为: 314

--------------------------------
Process exited after 66.62 seconds with return value 0
请按任意键继续. . .
```

图 5-13　程序 5-08 的运行结果

程序分析如下。

对于二维矩阵来说，有两条对角线，主对角线和副对角线，因此，要计算两条对角线元素之和，必须判断元素是否是对角线元素，主对角线元素的行标与列标相同，而副对角线的元素下标满足行标与列标之和为 3，因此，只要选出满足以上条件之一的元素，然后计算其累加和即可。

下面通过二维数组实现杨辉三角的前 10 行并输出（见程序 5-09）。杨辉三角是二项式系数在三角形中的一种几何排列，杨辉三角在编程实现中较为容易。最常见的算法便是用上一行递推计算；也有运用和组合的对应关系而使用阶乘计算的，然而后者速度较慢且阶乘容易溢出。杨辉三角最本质的特征是，它的两条斜边都是由数字 1 组成的，而其余的数则是等于它肩上的两个数之和。其实，中国古代数学家在数学的许多重要领域中处于遥遥领先的地位。中国古代数学史曾经有自己光辉灿烂的篇章，而杨辉三角的发现就是十分精彩的一页。

```
/**************************************************************************
程序编号：5-09
程序名称：打印杨辉三角形的前10行
程序功能：转秩运算
程序输入：无
程序输出：杨辉三角的前10行
**************************************************************************/
1  #include<stdio.h>
2  #define N 11
3  int main()
4  {
5    int i,j,a[N][N];
```

```
6    for(i=1;i<N;i++)
7    {
8       a[i][1]=1;
9       a[i][i]=1;
10   }
11   for(i=3;i<N;i++)
12      for(j=2;j<=i-1;j++)
13      a[i][j]=a[i-1][j-1]+a[i-1][j];
14   for(i=1;i<N;i++)
15   {
16      for(j=1;j<N-i;j++)
17      printf("   ");
18      for(j=1;j<=i;j++)
19         printf("%6d",a[i][j]);
20      printf("\n");
21    }
22   printf("\n");
23  return 0;
24  }
```

先定义第一列和对角线上的值为1

第三行起，某项的值=其前一行前一列的值+前一行同一列的值

运行结果如图 5-14 所示。

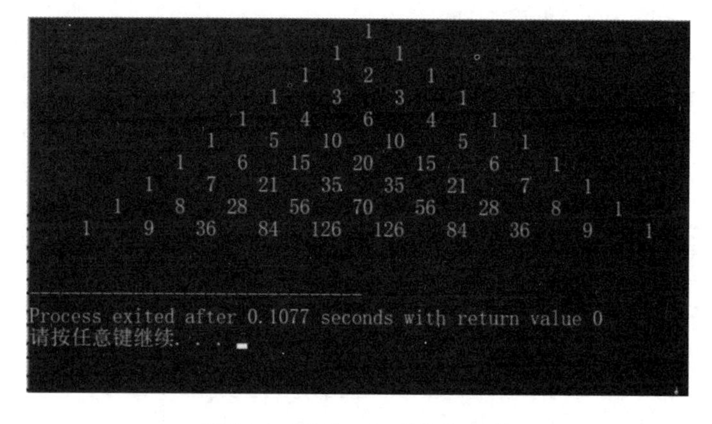

图 5-14　程序 5-09 的运行结果

程序分析如下。

杨辉三角最本质的特征是：它的两条斜边都是由数字 1 组成的，而其余的数则是等于它肩上的两个数之和。在计算杨辉三角时，第一，先定义第一列的值为 1；第二，定义对角线上的数值为 1；第三，根据某项的值=其前一行前一列的值+前一行同一列的值，计算剩下的每一项。

小练笔 5.2.2

小练笔

请仿照程序 5-08，对一个 3×3 矩阵进行初始化，计算其两条对角线之和并输出。

5.3 字 符 数 组

字符串是用双引号引起来的一串字符，如"abc"。在 C 语言中，系统将自动为字符串添加一个结束标志'\0'，该标识符在内存中占用一字节的存储空间，但是并不计入字符串的实际长度。虽然在实际应用中会大量使用字符串，然而 C 语言中并没有定义字符串类型的数据。

在 C 语言中，主要利用三种方式来处理字符串：①数组；②指针；③字符串处理库函数。首先，学习通过字符数组来实现字符串的存取。当 C 语言编译器在程序中遇到长度为 n 的字符串变量时，它会为字符串变量分配长度为 n+1 的内存空间，在末尾增加一个额外的字符——空字符'\0'。利用数组存储字符串时，则是将字符串中的每一个字符按顺序分别存入数组中的一个元素，将空字符'\0'存入字符串最后一个字符之后。下面以程序 5-10 为例来介绍几种字符数组的初始化方法。

```
/*************************************************************************
程序编号：5-10
程序名称：初始化字符数组
程序功能：对比几种字符数组的初始化方式
程序输入：无
程序输出：输出不同的字符串及其长度
*************************************************************************/
1  #include<stdio.h>
2  #include<string.h>
3  int main()
4  {
5   char str1[10] = {'a', 'b', 'c', 'd', 'e'};
6   char str2[10] = {'a', 'b' ,'c', 'd', 'e', '\0'};      → 几种字符初始化方式
7   char str3[10] = {"abcde"};
8   char str4[10] = "abcde";
9   char str5[  ] = "abcde";
10  int i, str1_len, str2_len, str3_len, str4_len, str5_len;
11  for(i=0;i<9;i++)
12     printf("%5c",str1[i]);                             → 使用for循环对字符进行逐个输出
13
14  printf("\n");
15  printf("str1_len= %d;\n", strlen(str1));
16
17  printf("str2:%s\n", str2);                            → 使用prinf()函数及字符串格式控制符对字符串进行输出
18  printf("str2_len= %d;\n", strlen(str2));
19
20  printf("str3:%d\n", str3);                            → 使用prinf()函数及整型数据格式控制符对字符串进行输出
21  printf("str3_len= %d;\n", strlen(str3));
22
```

```
23 printf("str4: %s\n", str4);
24 printf("str4_len= %d;\n", strlen(str4));
25 return 0;
26 }
```

使用prinf()函数及字符串格式控制符对字符串进行输出

运行结果如图 5-15 所示。

```
   a    b    c    d    e
str1_len= 5;
str2:abcde
str2_len= 5;
str3:6487536
str3_len= 5;
str4: abcde
str4_len= 5;

--------------------------------
Process exited after 0.08953 seconds with return value 0
请按任意键继续. . .
```

图 5-15　程序 5-10 的运行结果

程序分析如下。

程序 5-10 列举了几种常见的字符数组初始化方式，从形式上可以看出，字符数组可以通过几种方式进行初始化。用字符型数组来存放字符串时，要在内存中为其开盘一个足够大的存储空间，也就是说字符数组中存储的字符串长度不能超过字符数组定义的数组长度，否则会报错。在输出字符型数组时，可以使用循环对数组下标进行访问，逐个输出，也可以利用 printf()函数中关于字符串输出的格式控制符来输出字符串。

在程序 5-10 中，程序的最前面添加了一行文件包含命令#include <string.h>，该命令表示包含字符串处理函数的头文件，是 C 语言中的预处理命令。经该预处理后，可调用字符串处理函数，如 strlen()函数（求字符串长度函数）、strcat()函数（字符串拼接函数）、strcmp()函数（字符串比较函数）等，在这里使用到了一种字符串处理函数 strlen（字符数组名），通过调用该函数，可以计算以'\0'结尾的字符串的长度。通过调用 strlen()函数，可以观察到字符数组中存储的字符串长度，其中'\0'不统计在内。

小练笔

请编程实现从键盘输入字符串后逆序输出。

小练笔 5.3

5.4　结　构　体

结构体，通俗讲就像是打包封装，把一些有共同特征（如同属于某一类事物的属性，往往是某种业务相关属性的聚合）的变量封装在内部，通过一定方法访问或修改内部变量。结构体就是一个可以包含不同数据类型的结构，它是一种可以自己定义的数据类型，它的特点和数组主要有两点不同：首先，结构体可以在一个结构中声明不同的数据类型；第二，相同结构的结构体变量是可以相互赋值的，而数组是做不到的，因为数组是单一数据类型的数据集合，它本身不是数据类型而结构体是。

5.4.1 学生成绩的定义和引用

在日常生活中，有时需要将不同类型的数据组合成一个有机的整体，以便于引用。例如，一个学生有学号、姓名、性别、年龄、地址等属性，这样，就需要用到至少五个变量来描述一个学生的信息，然而这些变量并不完全属于同一种数据类型，例如，学生的学号可以定义为一个整型变量，学生的姓名需要用一个字符数组来表示，而性别可以定义为一个字符型变量。为了利用这些不同类型的数据共同描述一个学生的信息，就需要将不同类型的数据打包构造出一种数据类型，这种数据类型就称为结构体。下面通过程序 5-11 来介绍这种数据类型的使用方法。

```
/*************************************************************************
程序编号：5-11
程序名称：结构体定义举例
程序功能：定义一个结构体来描述学生的属性
程序输入：无
程序输出：某个学生的相关信息
*************************************************************************/
1  #include<stdio.h>
2  int main()
3  {struct student                    定义student结构体类型
4     {int Stu_ID;
5      char Name[20];
6      char Sex;
7      int Age;                                                  定义student结构
8      float Score[3];                                           体类型的变
9     }Stu1={1301,"Zhang San","F",18,{72,83.5,95}};              量Stu1并进行
10                                                               初始化
11
12
13  printf("No.%d, Name:%s, Score:%f\n", stu1. Stu_ID,stu1. Name, Stu1.score[1]);
14  return 0;
15  }
```

运行结果如图 5-16 所示。

```
No.1301,  Name:Zhang San,  Score:83.5

--------------------------------
Process exited after 0.08462 seconds with return value 0
请按任意键继续. . .
```

图 5-16　程序 5-11 的运行结果

程序分析如下。

在这个例子中，首先定义了一个结构体，并将其命名为 student，该结构体由五个成员

组成。成员不仅有变量名，还有变量类型。另外，将该结构体定义在 main()函数内部，这样，从定义点到 main()函数结尾，都可以使用该结构体。定义完结构体之后，才可以定义结构体变量。凡是定义为 student 结构体的变量都由上述 5 个成员组成。

在使用时，可以在结构体末尾只定义结构体变量，也可以在定义结构体变量的同时对它进行初始化，如程序 5-11 中所示，在定义 Stu1 结构体变量的同时赋初值，应保证每个初值的类型与对应成员的类型一致。还可用单独一行命令的形式对结构体变量定义和初始化，如：

```
student Stu2={1302,"Li Si","F",19, ,{88,94,79.5}};
```

结构体变量之间也可以互相赋值，如：

```
Stu2=Stu1;
Stu2.score[1] = Stu1.score[1];
sum = Stu1.score[1] + Stu2.score[1];
```

在这种情况下，如果打印输出结构体变量 Stu2，可以看到它的每一个分量和 Stu1 是完全一致的。

在定义结构体变量时，还可以把结构体名称去掉，这样更简洁，但就不能定义其他同类结构体变量了。如：

```
struct
{int Stu_ID;
char Name[20];
char Sex;
int Age;
float Score[3];
}Stu1;
```

对结构体变量的访问类似于数组元素访问，只能以分量的形式对结构体变量进行访问，对结构体成员引用的一般格式为：

```
<结构体变量名>.<成员名>
```

其中“.”称为分量运算符，用来获得一个结构体变量的某个成员，它是所有运算符中优先级最高的。

小练笔

小练笔 5.4.1

定义学生结构体具有以下成员：

```
struct stu
{
    int num;
    char name[20];
```

```
    char sex;
    float score;
}
```


编程实现使得用户从键盘输入单个学生信息，并完整输出学生信息。

5.4.2 结构体数组

本小节通过另外一个实例（程序 5-12）来进一步学习结构体成员的引用和处理。

```
/************************************************************************
程序编号：5-12
程序名称：结构体数组使用举例
程序功能：输入3个学生的信息并打印出来
程序输入：分别输入3个学生的相关信息
程序输出：按格式输出所有同学的信息
************************************************************************/
1  #include<stdio.h>
2  #include<stdlib.h>
3  #include<string.h>
4  struct stud_type
5  { char name[20];
6    long num;
7    int age;                      → 定义stud_type结构体类型
8    char sex;
9    float score;
10  };
11  int main()
12  { struct stud_type student[3];   → 定义stud_type结构体类型数组student[3]
13   int i;
14   char ch,numstr[20];
15   for (i=0;i<3;i++)
16   {
17      printf("\n enter all data of student[%d]:\n",i);
18      gets(student[i].name);
19      gets(numstr);student[i].num=atoll(numstr);   → 为student[3]中的各个元素初始化
20      gets(numstr);student[i].age=atoll(numstr);
21      student[i].sex=getchar();ch= getchar();
22      gets(numstr);student[i].score=atoll(numstr);
23   }
24  printf("\n record name\t\t  num  age  sex   score\n");
25  for (i=0;i<3;i++)
26   printf("%3d %-20s%8d%6d %3c %6.2f\n",i, student[i].name,student[i].num,
       student[i].age, student[i].sex, student[i].score);
27  return 0;
28  }
```

运行结果如图 5-17 所示。

```
 enter all data of student[0]:
Fangfang
202001
18
F
98

 enter all data of student[1]:
Liangliang
202002
18
M
81

 enter all data of student[2]:
Meimei
202003
17
F
91

 record name                    num   age   sex    score
   0  Fangfang                  202001    18    F    98.00
   1  Liangliang                202002    18    M    81.00
   2  Meimei                    202003    17    F    91.00

--------------------------------
Process exited after 130.2 seconds with return value 0
请按任意键继续. . .
```

图 5-17　程序 5-12 的运行结果

程序分析如下。

在这个例子中，首先定义了一个结构体 stud_type，该结构体由五个成员组成。定义 stud_type 结构体类型数组 student[3]，student[3]里包含三个 stud_type 结构体类型变量。student[3]共包含三个不同学生的个人信息，分别对 student[3]中每个元素进行初始化，最终可以得到所有学生的个人信息。

小练笔

小练笔 5.4.2

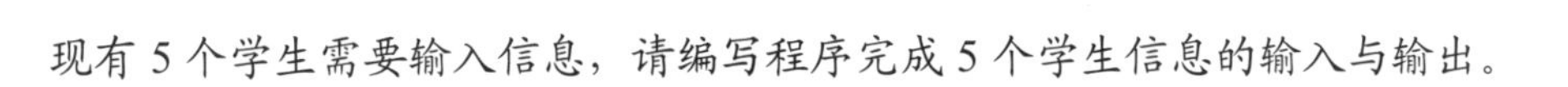

现有 5 个学生需要输入信息，请编写程序完成 5 个学生信息的输入与输出。

5.5　枚 举 类 型

枚举类型是将变量可能的值一一列举出来。如果一个变量只有几种可能的值，可以定义为枚举类型。枚举变量的值只能取列举出来的值（一般为标识符）之一。枚举类型的定义形式如下：

```
enum 枚举类型名 {枚举值表列}
```

如：

```
enum weekday {sun, mon, tue, wed, thu, fri, sat};
enum color_name {red,yellow,blue,white,black};
```

定义 weekday、color_name 为枚举类型，可以用于定义枚举变量。如：

```
enum weekday workday;
enum color_name color;
```

定义了两个枚举变量：workday、color，workday 取 sun 到 sat 之一，而 color 取 red 到 black 之一。这里的 sun、mon、…、sat 以及 red、yellow、…、black 称为“枚举元素”或“枚举常量”。下面，通过程序 5-13 来说明枚举类型数据的使用方法。

```
/************************************************************************
程序编号：5-13
程序名称：枚举类型的数据使用举例
程序功能：判断用户输入的是星期几
程序输入：输入从1～7的正整数
程序输出：判断用户输入的是星期几
************************************************************************/
1  #include<stdio.h>
2  int main(){
3      enum week{ Mon = 1, Tues, Wed, Thurs, Fri, Sat, Sun } day;   → 定义枚举类型的变量
4      scanf("%d", &day);
5      switch(day){
6          case Mon: puts("Monday"); break;
7          case Tues: puts("Tuesday"); break;
8          case Wed: puts("Wednesday"); break;
9          case Thurs: puts("Thursday"); break;
10         case Fri: puts("Friday"); break;
11         case Sat: puts("Saturday"); break;
12         case Sun: puts("Sunday"); break;
13         default: puts("Error!");
14       }
15     return 0;
16 }
```

运行结果如图 5-18 所示。

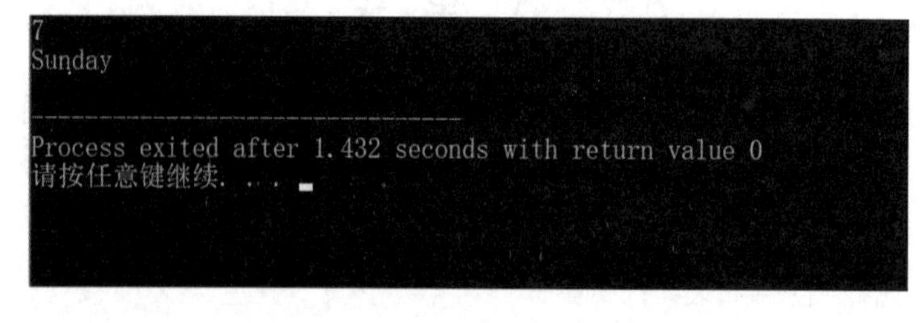

图 5-18　程序 5-13 的运行结果

程序分析如下。

本例中，仅仅给第一个枚举名取值（Mon=1），却没有给出其他枚举名对应的值，此时，枚举值会往后逐个加 1（递增）。也就是说，week 中的 Mon、Tues、…、Sun 对应的值分

别为 1、2、…、7。可以看到，输入数字 7，则 switch 结构会自动与枚举名 Sun 匹配，因而运行结果为 Sunday。

需要注意的两点是：①枚举列表中的 Mon、Tues、Wed、…、Sun 这些标识符的作用范围是全局的（严格来说是 main()函数内部），不能再定义与它们名字相同的变量；②Mon、Tues、Wed、…、Sun 等都是常量，不能对它们赋值，只能将它们的值赋给其他变量。枚举和宏其实非常类似：宏在预处理阶段将名字替换成对应的值，枚举在编译阶段将名字替换成对应的值。可以将枚举理解为编译阶段的宏。

小练笔

小练笔 5.5

有 zhao、wang、zhang、li 四人轮流值班，本月有 31 天，第一天由 zhang 来值班，试编写程序做出值班表。

5.6　自定义类型

C 语言中，除系统定义的标准类型和用户自定义的结构体、共用体等类型之外，还允许用户使用类型说明语句 typedef 声明新的类型名来代替已有的类型名。意思就是，typedef 关键字可以用于给数据类型定义一个别名，例如，中央电视台总部大楼，这个名字太长了，大家给它取个别名叫“大裤衩”，在北京打车说去“大裤衩”，司机就知道你要去哪里了。

用 typedef 声明新的类型名主要有如下两种实现方式。

1．使用一个新的类型名代替原有的类型名

例如，有整型变量 a 和 b，其说明如下：

```
int a, b;
```

其中 int 是整型变量的类型说明符。

由于 int 表示的是整型数据，此时可用一个别名 INTEGER 代替 int，只需要将整型说明符用 typedef 定义为：

```
typedef int INTEGER;    //指定INTEGER为与int作用相同的类型名
```

之后，定义整型变量时，就可以用 INTEGER 来代替 int 作整型变量的类型说明了。例如：

```
INTEGER a, b;
```

它等效于：

```
int a, b;
```

同样地，也可以用字符 REAL 代替 float 表示浮点型数据类型。例如：

```
typedef float REAL;    //指定REAL为与float作用相同的类型名
```

之后，定义浮点型变量时，就可以用 REAL 来代替 float 作浮点型数据的类型说明了。例如：

```
REAL a, b;
```

它等效于：

```
float a, b;
```

从这两个例子可以总结出 typedef 使用的简单方法如下：

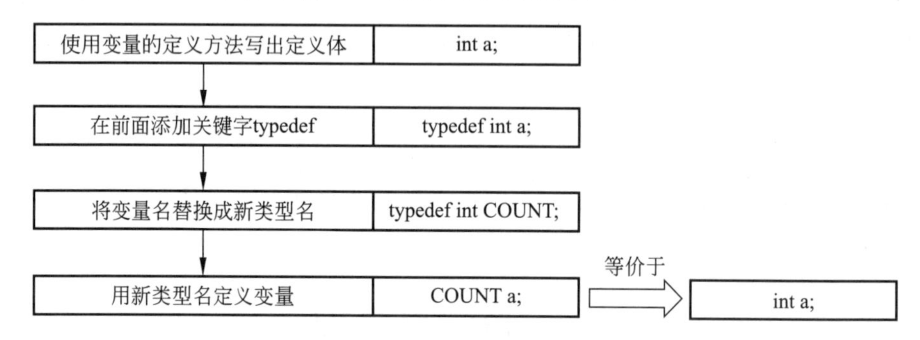

2. 使用一个简单的类型名代替复杂的数据类型表示

上面学习了使用 typedef 为简单类型的变量定义新的类型名。在 C 语言中，还有一些结构比较复杂的数据类型，例如，数组、指针以及结构体等。用 typedef 定义数组、指针、结构等类型将非常方便，不仅能使程序书写简单而且可使其意义更为明确，在某些场合下，也能增强程序的可读性。例如：

```
typedef char NAME[10];
```

表示 NAME 是字符型数组类型，数组长度为 10。

然后当使用 NAME 声明变量时，例如：

```
NAME m1, m2;
```

完全等效于：

```
char m1[10], m2[10];
```

如下面程序 5-14。

```
/**************************************************************************
程序编号：5-14
程序名称：自定义类型使用举例
程序功能：输出长度为20的整型数组所占内存空间
程序输入：无
程序输出：显示长度为20的整型数组所占内存空间
**************************************************************************/
1  #include"stdio.h"
2  #include"stdlib.h"
3  typedef int NUM[20];
4
```

声明一个新的类型名NUM，NUM是一个长度为20的整型数组类型名

```
5  int main()
6  {
7      NUM num = {0};
8      printf("%d\n", sizeof(num));
9      system("pause");
10     return 0;
11 }
```

使用类型名NUM定义变量num，num为长度为20的整型数组

运行结果如图 5-19 所示。

图 5-19　程序 5-14 的运行结果

程序分析如下。

这里使用 typedef 关键字声明了一种数据类型 NUM，NUM 是一个长度为 20 的整型数组类型名。在 main()函数中，使用类型名 NUM 定义变量 num，num 为长度为 20 的整型数组。计算 num 所占用的内存空间并输出结果。结果显示，num 所占用的内存是 80 字节，由于每个整型数据占用 4 字节，而整个数组长度为 20，因此，num 占用的内存的确为 80 字节，与实际相符。

下面，再举一个例子（程序 5-15）来说明如何命名一个新的类型名代表指针类型。

```
/**************************************************************************
程序编号：5-15
程序名称：自定义新的类型举例
程序功能：自己定义一个字符指针类型
程序输入：无
程序输出：显示当前字符指针变量所存储的内容
**************************************************************************/
1  #include"stdio.h"
2  #include"stdlib.h"
3  typedef char* STRING;
4
5  int main()
6  {
7      STRING str = "Welcome to Northwest University!";
8      printf("%s\n", str);
9      system("pause");
10     return 0;
11 }
```

声明STRING为字符指针类型

定义str为字符指针变量并初始化

运行结果如图 5-20 所示。

```
Welcome to Northwest University!
请按任意键继续. . .
```

图 5-20　程序 5-15 的运行结果

程序分析如下。

程序 5-15 首先使用 typedef 关键字声明了一种字符型指针类型 STRING，然后，在 main() 函数中，利用 STRING 定义变量 str，此时 str 为字符指针变量并用字符串对其初始化。最后输出 str 指针指向的字符串。

用 typedef 定义数组、指针、结构等类型将带来很大的方便，不仅使程序书写简单而且使意义更为明确，因而增强了可读性。

typedef 最常见的作用是给结构体变量重命名，例如下面这个例子（程序 5-16）。

```
/*************************************************************************
程序编号：5-16
程序名称：结构体变量使用举例
程序功能：定义结构体变量并为对应变量赋值
程序输入：无
程序输出：为结构体变量赋值之后的学生信息
*************************************************************************/
1  #include"stdio.h"
2  #include"stdlib.h"
3  typedef struct {
4     char *name;
5     int age;
6     int Num;
7  }STUDENT;
8
9  int main()
10 {
11    STUDENT stu;
12    stu.name = "LiFang";
13    stu.age = 12;
14    stu.Num = 20201530;
15    printf("name=%s,\nage=%d, \nNum=%d\n", stu.name, stu.age, stu.Num);
16    system("pause");
17    return 0;
18 }
```

（第 3～7 行）声明一个新的类型名STUDENT代替已定义好的结构体类型

（第 11 行）用新的类型名STUDENT来声明变量stu

运行结果如图 5-21 所示。

图 5-21　程序 5-16 的运行结果

程序分析如下。

当定义了一个结构体时，每次创建一个结构体都要使用“struct＋结构体名”的方式来声明一个新的结构体类型，而用了 typedef 之后，只要一个结构体别名就可以创建了。这里给已有的结构体起了一个别名 STUDENT，在之后的代码里，就可以用 STUDENT 来声明新的变量，例如，“STUDENT stu;”声明变量 stu，此时就是已定义好的结构体类型的数据，因此，可以使用定义和访问结构体成员的方法为 stu 中的成员赋值和读取。

至此，已经了解用 typedef 可以为已有的类型重新定义一个名字，在使用中，还有如下几点需要说明。

（1）习惯上，常把用 typedef 声明的类型名的第 1 个字母用大写表示，以便与系统提供的标准类型标识符相区别。

（2）用 typedef 可以声明各种类型名，但不能用来定义变量。

（3）用 typedef 只是对已经存在的类型增加一个新的类型名，而不能创造新的类型。

（4）typedef 与#define 从形式上看有一些相似之处，例如：

```
typedef int COUNT;
```

与

```
#define COUNT int;
```

从表面上看，它们的作用是都可以用 COUNT 代替 int。但实际上，它们的含义是不同的。#define 是编译预处理命令，只作简单的字符串替换，而 typedef 是在编译阶段处理的，而且，也不是简单的字符串替换作用。如上面的例子用到的：

```
Typedef int NUM[20];
NUM num;
```

此处，并不能理解为用“NUM[20]”代替 int，而是用定义变量的方式生成一个新的类型名，然后再用这个新的类型名去定义变量。

以上几点请大家在实际使用中体会。

小练笔

小练笔 5.6

已知 Stu 结构体包含以下成员：

```
struct{
        char *name;  //姓名
        int num;     //学号
        int age;     //年龄
        char group;  //所在小组
        float score; //成绩
}Stu;
```

请仿照程序 5-16，使用 typedef 完成对结构体的重新定义并完成对结构体的初始化。

习　　题

1. 从键盘输入一串字符，逆序输出该字符串，如输入 abadca，输出 acdaba。

2. 从键盘输入年、月、日，判断该年份为平年还是闰年，并输出该日期为今年的第几天。

3. 编写程序，用来输入 10 个学生的姓名和各自数学、语文、英语三科成绩，然后输出学生姓名按照总分排序的列表。

4. 计算矩阵 **C** 的转置。其中 $\mathbf{C}=\mathbf{A}\times\mathbf{B}$，$\mathbf{A}=\begin{bmatrix}3 & 3 & 7\\2 & 1 & 5\\6 & 7 & 2\end{bmatrix}$，$\mathbf{B}=\begin{bmatrix}2 & 7\\2 & 4\\5 & 3\end{bmatrix}$。

5. 编写程序判断上三角矩阵。输入一个正整数 n（$1\leqslant n\leqslant 6$）和 n 阶方阵 **m** 中的元素，如果 **m** 是上三角矩阵，输出 YES，否则，输出 NO。上三角矩阵指的是主对角线以下的元素都为 0 的矩阵，主对角线为从矩阵的左上角至右下角的连线。

6. 编写程序求解鞍点。输入 1 个正整数 n（$1\leqslant n\leqslant 6$）和 n 阶方阵 **m** 中的元素，假设方阵 **m** 最多有 1 个鞍点，如果找到 **m** 的鞍点，则输出其下标，否则，输出 NO。鞍点指的是矩阵中的元素值在该行中最大，而在该列中最小。

7. 输入一串字符，以“#”结束，判断输入的字符串是否是回文。回文指的是中心对称的字符串，如 abbabba、adbbda 为回文，cbabab 不是回文。

8. 编写菜单程序，可以选择冒泡排序、选择排序或插入排序，按照从大到小或从小到大排序 10 个正整数。

9. 定义一个描述学生基本信息的结构，包括姓名、学号、籍贯、身份证号、年龄、家庭住址、性别、联系方式等，并定义一个结构体数组。编程实现：

（1）编写函数 input()，输入基本信息（3～5 条记录）。

（2）编写函数 print()，输出全体记录信息。

（3）编写函数 search()，检索一个指定的学生信息并返回，由主函数打印到屏幕上。

※层次 4：C 语言的模块化程序设计

层次 4 目标

- 适合读者：进阶学习的读者。
- 层次学习目标：理解模块化程序设计的思想和多源文件结构。
- 技能学习目标：掌握函数的定义、使用方法以及注意事项；掌握变量和函数的生存周期。

第6章 函数和模块化程序设计

● 知识点和本章主要内容

本章属于程序设计的第 4 个层次，通过引入函数这一概念，就可以像搭积木一样组织大规模程序结构，也有利于多人分工合作编写复杂功能的代码。本章将通过一系列小实例讲解函数的定义与使用，以及函数的两个重要元素：参数和返回值。最后还将介绍变量生存期和作用域。

6.1 模块化的程序设计思维

C 语言是一种面向过程的编程语言，面向过程的主要思想是将复杂的问题分解为一个个容易解决的问题，分解后的问题可以按照步骤一步步完成，每步都可以使用一个独立的程序模块来实现，而这种独立的且可以重复调用的程序模块或者说功能模块，就被称为函数。模块化的目的是为了降低程序复杂度，使程序设计、调试和维护等操作简单化。函数是面向过程在 C 语言中的重要体现，每个函数用来实现一个特定功能，独立成为一个模块。一般来说，函数的名字应反映其代表的功能。

回顾在屏幕上显示 Hello World!的程序。

```
/*************************************************************************
程序编号：6-01
程序名称：第一个示例程序
程序功能：在屏幕上显示Hello World!
程序输入：无
程序输出：Hello World!
*************************************************************************/
1  /*main()函数开始*/
2  #include"stdio.h"
3  int main()                        //定义主函数（main()函数）
4  {                                 //函数体开始标志
5  printf("****************\n");     //在屏幕上显示****************
6  printf("Hello World! \n ");       //在屏幕上显示Hello World!
7  printf("****************\n ");    //在屏幕上显示****************
8  return 0;                         //函数执行完毕时返回函数值0
9  }                                 //函数体结束标志
```

运行结果如图 6-1 所示。

```
****************
Hello World!
****************

--------------------------------
Process exited after 0.07769 seconds with return value 0
请按任意键继续. . .
```

图 6-1　程序 6-01 的运行结果

程序分析如下。

在程序 6-01 中，使用了两条相同的命令“printf("****************\n");”，在实际应用中，经常会出现类似的情况，也就是需要反复调用相同的代码段，甚至复杂的程序模块，这时如果能够将这种需要重复使用的模块封装成为函数，那么只需要调用该函数接口，就可以随时随地重复利用这些完整的程序模块，而不必反复重新进行程序设计与实现，这也就是函数设计的主要目的之一。

6.1.1　程序设计思维再探

在前面的内容中，曾经学习到的第一个函数就是主函数 main()。C 语言中，一个程序无论大小，总是由至少一个或多个函数构成，这些函数分布在一个或多个源文件中。每个完整的 C 语言程序总是有一个 main()函数，它是程序的组织者，程序执行时也总是由 main()函数开始执行（main()函数的第一条可执行语句称为程序的入口），由 main()函数直接或间接地调用其他函数来辅助完成整个程序的功能，如图 6-2 所示。

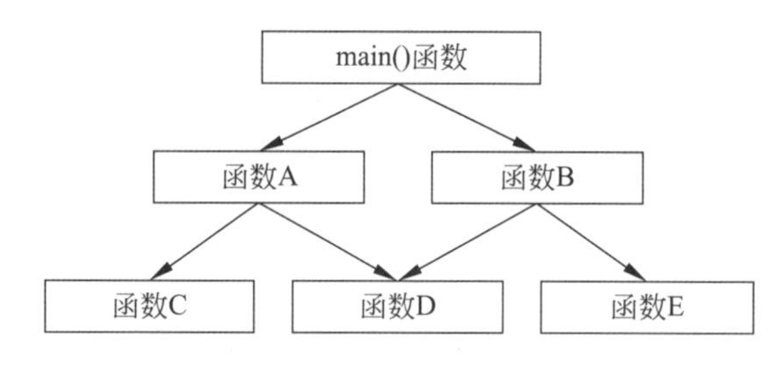

图 6-2　main()函数与子函数

在图 6-2 中，主函数 main()可以调用任意一个函数，同样，其他函数也可以相互调用，同一个函数可以被多个函数调用，而不会相互干扰，这里用到了程序设计中的另一个重要思想：封装。为了使用方便，C 语言已经将一些函数进行了封装，在前面的学习中已经接触到了一些，例如，标准的输入输出函数 scanf()和 printf()，在使用这些函数时，不需要看到函数的内部是如何实现的，只需要学会使用函数接口，就可以方便地调用函数，实现其功能，并且不会影响该函数被其他函数调用，这就是封装思想的一种体现。

那么如何实现函数的封装，将在后面进一步介绍。

6.1.2　模块化方法和模块接口

当要完成一个相对较复杂的工程时，可能需要借助不同人的力量，分工协作来完成项目。按照模块化程序设计的方法，可以将任务分解成不同功能模块，每个功能模块之间相互独立，单独调试，留出函数接口供其他模块调用。最后，将所有模块写完并调试无误后，进行组合调试。

模块化的函数设计有许多好处，不仅仅是便于分工，它还有助于程序的调试，有利于程序结构的划分，还能增加程序的可读性和可移植性。

C 语言模块化程序设计需理解以下几个概念。

（1）程序模块或说函数即是一个.c 文件和一个.h 文件的结合，头文件.h 中是对于该模块接口的声明。

（2）永远不要在.h 文件中定义变量。定义变量和声明变量的区别在于定义会产生内存分配的操作，是汇编阶段的概念；而声明则只是告诉包含该声明的模块在连接阶段从其他模块寻找外部函数和变量。

（3）某模块提供给其他模块调用的外部函数及数据需在.h 文件中冠以 extern 关键字声明。

（4）模块内的函数和全局变量需在.c 文件开头冠以 static 关键字声明。

6.1.3 多源文件开发

要有多个源文件的原因如下。

（1）在编写第一个 C 语言程序时已经提到：编写的所有 C 语言代码都保存在扩展名为.c 的源文件中，编写完毕后就进行编译、链接，最后运行程序。

（2）在前面的学习过程中，由于代码量比较少，因此所有的代码都保存在一个.c 源文件中。但是，在实际开发过程中，项目做大了，源代码肯定非常多，很容易就上万行代码了，甚至上十万行、百万行都有可能。这时如果把所有的代码都写到一个.c 源文件中，那么这个文件将会非常庞大，非常难以组织管理。可以想象一下，一个文件有十几万行代码，不要说调试程序了，连阅读代码都非常困难。

（3）公司里都是以团队开发为主，如果多个开发人员同时修改一个源文件，那就会带来很多麻烦的问题，例如，张三修改的代码很有可能会抹掉李四之前添加的代码。

（4）为了模块化开发，一般会将不同的功能写到不同的.c 源文件中，这样的话，每个开发人员都负责修改不同的源文件，达到分工合作的目的，能够大大提高开发效率。也就是说，一个正常的 C 语言项目是由多个.c 源文件构成的。

6.1.4 一个多源文件设计实例

接下来举例说明如何进行多源文件开发，见程序 6-02。

```
/*************************************************************************
程序编号：6-02
程序名称：多源文件示例程序
程序功能：调用多个函数在屏幕上显示星号和Hello World!
程序输入：无
程序输出：第一行星号，第二行Hello World!
*************************************************************************/
```

```
1  /*myfile.h*/
2
3  #include"stdio.h"
4  void print_star();
5  void print_message();
6
7  /*myfile.c*/
8  void print_star()
9  {
10  printf("****************\n");        //在屏幕上显示一行*号
11  }
12  void print_message()
13  {
14    printf("Hello World! \n ");    //在屏幕上显示Hello World!
15  }
16
17  /*main.c*/
18  #include "myfile.h"
19  int main()
20  {
21   print_star();
22   print_message();
23   return 0;
24  }
```

函数声明

头文件引入

运行结果如图 6-3 所示。

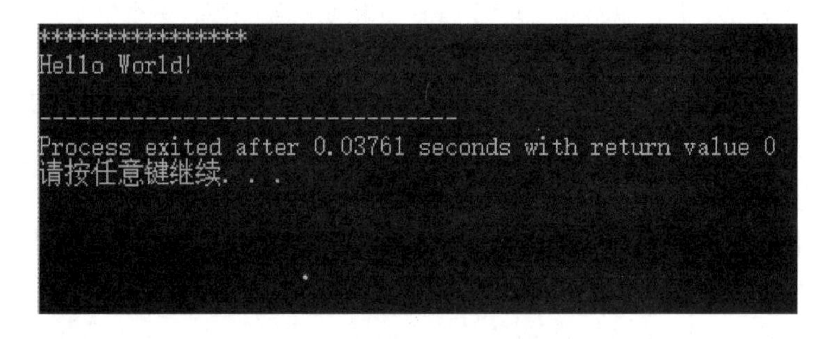

图 6-3　程序 6-02 的运行结果

程序分析如下。

在程序 6-02 中，定义了一个.h 头文件和两个.c 源文件。不难看出，myfile 程序模块包括 myfile.h 文件和 myfile.c 文件。其中 myfile.h 中声明了 myfile.c 文件中实现的函数，而 myfile.h 文件则实现了具体函数的功能。在 main.c 源文件中，通过#include "myfile.h"引入头文件 myfile.h，这样就完成了在 main.c 模块里对 myfile.c 模块的调用。这样做的实际意义在于，在 myfile 模块完成了函数的具体实现功能，在 main 模块完成了输出功能，将不同的功能写在不同的模块里，不仅有利于开发人员阅读，更有利于维护所写的代码。

小练笔

阅读下列程序，写出程序的输出结果，体会多源文件开发的优点。

```
/* myfile.h */
void func1();
void func2();
/* myfile.c */
void func1(){
    printf("我是函数1。\n");
}
void func2(){
    printf("我是函数2。\n");
}
/*main.c*/
#include"myfile.h" //注意，这里包含了自己写的头文件
int main()
{
  func2();
  func1();
  return 0;
}
```

6.2 函　　数

前面了解了C语言中模块化的程序设计思想，在C语言中，这种模块化的程序设计思想是通过函数来实现的。函数的出现是人（程序员和架构师）的需要，而不是机器（编译器、CPU）的需要；函数的目的就是实现模块化编程，既让代码的可读性好，又方便分工，利于程序的组织。本节就开始学习C语言的函数设计方法。

6.2.1 无参函数

现在，根据已经了解到的函数设计的思想，重新实现Hello World!程序。

```
/***************************************************************************
程序编号：6-03
程序名称：多源文件示例程序
程序功能：调用多个函数在屏幕上显示星号（"*"）和Hello World!
程序输入：无
程序输出：第一行显示星号，第二行显示Hello World!，第三行显示星号（"*"）
***************************************************************************/
1  /*main()函数开始*/
2  #include"stdio.h"
```

```
3  int main()                  //定义主函数（main()函数）
4  {
5  void print_star();
6  void print_message();
7  print_star();
8  print_message();
9  print_star();
10
11  return 0;
12  }
13
14  void print_star()
15  {
16  printf("****************\n");  //在屏幕上显示一行*号
17  }
18
19  void print_message()
20  {
21    printf("Hello World! \n ");  //在屏幕上显示Hello World!
22  }
```

函数声明

函数调用

函数返回值

自定义函数：
无形参与返回

运行结果如图 6-4 所示。

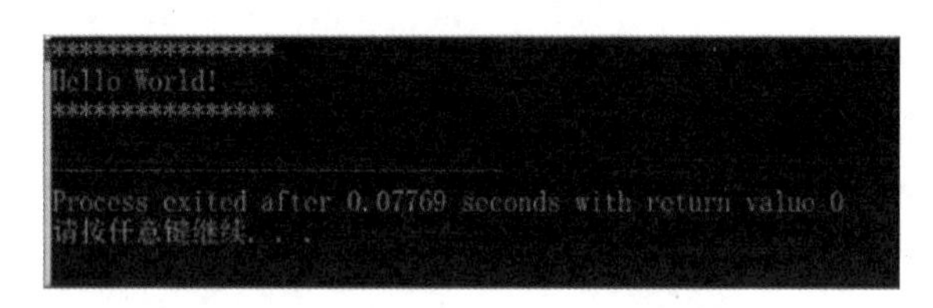

图 6-4　程序 6-03 的运行结果

程序分析如下。

从上面的 main()函数可以看出，一个完整的函数一般包括函数声明、函数调用以及函数返回值三部分。从运行结果来看，程序 6-03 与程序 1-01 运行结果完全相同。在本例中，整个源程序的基本结构仍然是由 main()函数构成的，在 main()函数中包含两部分：函数声明以及函数调用，调用了两个自定义函数 print_star()和 print_message()，C 语言在调用函数时，遵循先声明后使用的原则。

在实际编译过程中，编译器会自动从函数接口进入被调函数内部进行编译，也就是通过函数编译，计算机分析的程序内容实际上与程序 6-01 完全相同，实现的功能也完全一致，但是对于程序设计者而言，这种方式使得程序的组织结构更为清晰，可读性好，又方便分工实现。

在使用函数之前，先要学习函数的定义方法。C 语言要求，在程序中用到的所有函数，必须“先定义，后使用”。也就是要指定函数的名字、函数返回值类型、函数实现的功能以及函数的个数与类型，并将这些信息传递给编译系统。这样，在调用自定义函数时，编译器就会按照定义时所指定的功能执行。

定义无参函数的一般形式如下：

```
类型名  函数名()
{
函数体
}
```

从形式上看，函数可分为两类：无参函数和有参函数，在程序 6-03 中所使用的是最简单的无参且无返回值的函数，从形式上看，这种函数名后面的括号里没有任何形式参数。这代表当主调函数调用该函数时，主调函数不用向被调函数传递数据。无参函数一般用来执行特定的功能，可以有返回值，也可以没有返回值，但一般以没有返回值居多。在定义函数时，通过指定函数类型名（类型标识符）来指定函数返回值的类型，这里使用的是最简单的无参且无返回值的函数，因此，将函数标识为 void 类型。

小练笔

阅读如下代码，请写出程序运行的结果。

```
#include<stdio.h>
int main()
{
    void p1();
    void p2();
    p1();
    p2();
    p1();
    return 0;
}
void p1()
{
    printf("******************\n");
}
void p2()
{
    printf("一起学习C语言函数！\n");
}
```

6.2.2 有参函数

上面已学习了无参函数，然而，更多的时候会用到有参函数，有参函数是指在主调函数调用被调函数时，主调函数需要通过参数向被调函数传递数据。有时希望函数被调用以后能给主调函数返回一个确定的值，供主调函数使用，即函数值或函数的返回值。下面通过一个实例来学习有参且有返回值的函数的定义和使用方法。

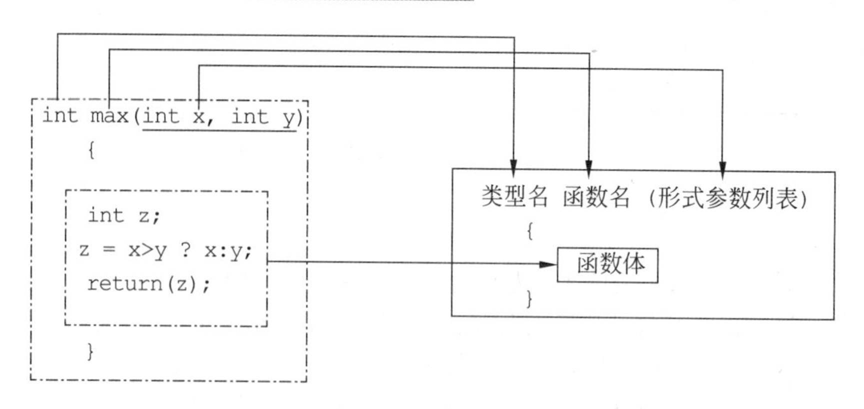

程序分析如下。

上面是一个有参函数的实例，可以看到，当定义有参函数时，函数名后的括号里有内容，将其称为形式参数列表，在使用有参函数时，如果函数需要接收用户传递的数据，则可将其定义为形式参数，形式参数包括参数类型及变量名，如果需要接收的数据有好几种，则用逗号间隔。可以看到 max()函数里用到的参数 x、y 都是从其他函数接收而来的，在max()函数中，又定义了新的参数 z，最后将参数 z 通过 return 语句返回给被调函数。此处，函数返回值的类型必须与函数的类型一致；否则以函数的类型为主。有参函数可以有返回值，也可以没有返回值，但一般以有返回值居多。

接下来，通过如下例子（程序 6-04）来看看调用自定义函数 max()及返回值的使用方法。

```
/**************************************************************************
程序编号：6-04
程序名称：求数列中的最大值
程序功能：输入3个整型数据，输出其中的最大值
程序输入：输入3个整型数据
程序输出：3个整型数据中的最大值
**************************************************************************/
```

```
1  #include"stdio.h"
2  int max( int x, int y )
3  {
4   int z;
5   z = x>y ? x:y;
6   return (z);
7  }
8
9  int main()
10 {
11 int a,b,c;
12 printf("Please input a, b:");
13 scanf("%d,%d ",&a,&b);
14 c = max( a,b );
15 printf("max_value = %d", c);
16 }
```

形式参数 x y

自定义函数

主函数

实际参数 a b

运行结果如图 6-5 所示。

```
Please input a, b, c:13,4,9
max_value = 13
--------------------------------
Process exited after 14.64 seconds with return value 0
请按任意键继续. . .
```

图 6-5　程序 6-04 的运行结果

程序分析如下。

程序 6-04 要实现的功能非常简单，当输入 3 个整型数据后，输出这 3 个数中的最大值。例如，当输入 13、5、9 时，程序输出 3 个数中的最大值，即 13。这个例子中使用了函数调用，在程序中出现自定义函数时，自定义函数出现的位置可以任意，也就是说自定义函数可以放在主函数的前面，也可以放在主函数的后面。如果放在前面，可免去函数声明的步骤，main()函数可以直接调用该函数；如果放在 main()函数后面，main()函数需要在调用前进行函数声明，才可调用该函数，也就是在 main()函数中增加这样一行代码“int max (int x, int y);”或者“int max (int, int);”即可。

可以看到在定义函数时，形式参数必须声明参数类型，而在引用或者调用自定义函数时，需将传入 max()函数的实际参数替换函数定义时对应的形式参数，也就是用实际参数 a 替换 x，b 替换 y。而实际参数 a 与 b 的数据类型必须与对应的形式参数一致。在这个例子中，函数 max()完成调用后，将函数的返回值赋值给了变量 c，这是最简单的一种函数的值传递形式。

在实际使用中，实际参数可以是常量、变量和表达式。只有在发生函数调用时，才给形式参数分配单元，并且赋值，一旦函数调用结束，形式参数所占的内存单元又被释放掉。在调用函数过程中发生的实际参数与形式参数间的数据传递是“值传递”，只能由实际参数向形式参数传递数据，单向传递，不能由形式参数传给实际参数。

关于形式参数和实际参数的联系和区别，可以总结如下。

1）通过名称理解

形式参数：形式上存在的参数。

实际参数：实际存在的参数。

2）通过作用理解

形式参数：在定义函数时，函数名后面括号中的变量名称为“形式参数”。在函数调用之前传递给函数的值将被复制到这些形式参数中。

实际参数：在调用一个函数时，也就是真正使用一个函数时，函数名后面括号中的参数为“实际参数”。函数的调用者提供给函数的参数叫实际参数。实际参数是表达式计算的结果，并且被复制给函数的形式参数。

下面来看一个有参数传递但是无返回值的函数调用的例子（程序 6-05）。

```
/*************************************************************************
程序编号：6-05
程序名称：根据参数输出平行四边形
程序功能：通过键盘输入平行四边形的长和宽，输出组成的平行四边形
程序输入：平行四边形的长和宽
```

```
程序输出：形成的平行四边形
***********************************************************************/
```

```
1  #include"stdio.h"
2  int main ()
3  {
4      void pattern(int, int);
5      int l, w;
6      printf("Please input the length:");
7      scanf("%d", &l);
8      printf("Please input the width:");
9      scanf("%d", &w);
10     printf("\n");
11     pattern(l, w);
12     return 0;
13 }
14
15 void pattern(int x, int y)
16 {
17     int i, j;
18     for (i=0; i<x; i++) {
19         for (j=0; j<=i; j++) {
20            printf(" ");
21         }
22         for (j=0; j<y; j++) {
23             if (j==0||j==y-1||i==0||i==x-1) {
24                printf("*");
25             }else{
26                  printf(" ");
27             }
28
29         }
30         printf("\n");
31     }
32 }
```


运行结果如图 6-6 所示。

程序分析如下。

本例在主函数中定义平行四边形的长和宽，然后将平行四边形的这两个参数传递给自定义函数，在自定义函数中实现平行四边形的输出，最终用星号（“*”）组成一个平行四边形。

程序 6-05 中包含一个有参无返回值的自定义函数 void pattern(int x, int y)，通过前面的介绍可知，无返回值的函数需要在函数前面用关键字 void 加以声明。同时，自定义函数放在 main()函数后面，那么 main()函数需要在调用前进行函数声明，才可调用该函数。函数

```
Please input the length:4
Please input the width:5

 *****
  *   *
   *   *
    *****

--------------------------------
Process exited after 1.938 seconds with return value 0
请按任意键继续. . .
```

图 6-6　程序 6-05 的运行结果

声明是描述一个函数的接口，声明中至少应指明函数返回值的类型以及传递参数的类型。只要在 main()函数前面声明过一个函数，main()函数就知道这个函数的存在，就可以调用这个函数。而且只要知道函数名、函数的返回值、函数接收多少个参数、每个参数是什么类型的，就能够调用这个函数了，因此，声明函数时可以省略参数名称。以程序 6-05 为例，以下两种函数声明的格式都可以使用。

- 原型声明：void pattern(int x, int y);
- 简单声明：void pattern(int, int);

如果主函数中有函数的声明，而整个代码中没有函数的定义，那么程序将会在链接时报错。

在 C 语言中，还有一种特殊类型的函数被称为空函数，它既没有参数，也没有返回值，函数体也是空的，例如：

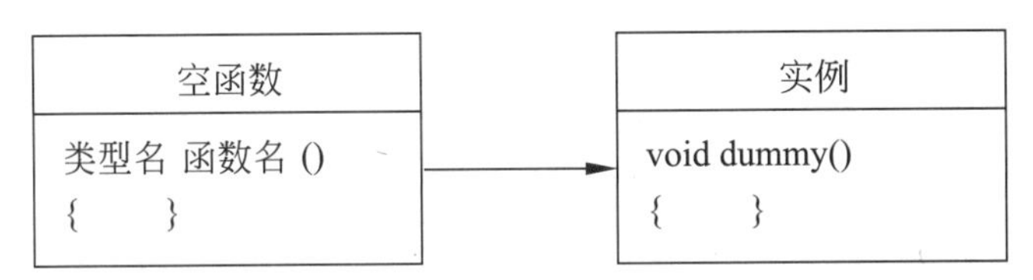

此时，调用此函数时，函数并不执行任何工作，也没有任何实际作用，只是从形式上完全符合自定义函数的基本规范。那么，C 语言为什么还需要这样形式的函数？根据模块化的程序设计思想，可以将一个完整的问题分解成若干个功能模块，每个功能模块之间相互独立，通过函数来实现这样的功能模块，只要留出函数接口供其他模块调用即可。这样，在完成了程序的基本功能后，可以将一些待补充或者扩充的模块先用空函数代替，这样做可以使程序的结构清晰，便于日后进行完善，而不影响目前的程序框架，这在模块化的程序设计中非常有用。

小练笔

仿照程序 6-04，试编程实现定义函数 float power (float num, int n)的功能为求得 num 的 n 次方。

小练笔 6.2.2

6.2.3　函数调用

自定义函数的调用和返回值的引用体现了函数调用的整个过程，C 语言中定义和使用函数的方式非常灵活，尤其是在参数传递和返回值的引用方面。C 语言中函数定义是相互平行、各自独立的，无主次、相互包含之分。在定义函数时，一个函数内不允许再定义另一个函数，即不能嵌套定义，但可以嵌套调用函数，一个自定义函数不仅可以调用其他自定义函数，甚至可以直接或者间接地调用该函数本身。下面通过几个例子来深入了解。

编写一个程序来计算 sum = 1! + 2! + 3! + ... + (n-1)! + n!（程序 6-06）。

```
/**********************************************************************
程序编号：6-06
程序名称：求n个数的阶乘之和
程序功能：由键盘输入n，计算1～n的阶乘，再求和
程序输入：输入整数n
程序输出：输出1～n的阶乘之和
**********************************************************************/
1  #include<stdio.h>
2  int main(){
3      long factorial(int);
4      long sum(long);
5      int n;
6      printf("Please input an integer:\n");
7      scanf("%d",&n);
8      printf("The result is %ld\n", sum(n));
9      return 0;
10 }
11
12
13 long factorial(int n){
14     int i;
15     long result=1;
16     for(i=1; i<=n; i++){
17         result *= i;
18     }
19     return result;
20 }
21
22
23 long sum(long n){
24     int i;
25     long summation= 0;
26     for(i=1; i<=n; i++){
27         summation += factorial(i);
28     }
29     return summation;
30 }
```

自定义函数factorial()

自定义函数sum()

运行结果如图 6-7 所示。

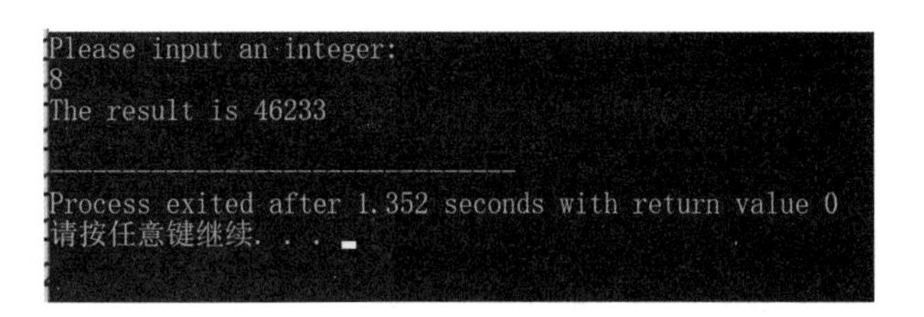

图 6-7　程序 6-06 的运行结果

程序分析如下。

在程序 6-06 中，共有若干次函数调用。在自定义函数 sum()的定义中出现了对自定义函数 factorial()的调用，库函数 printf()的调用过程中包含了 sum()的调用，而 printf()又被 main()调用，它们的整体调用关系为：

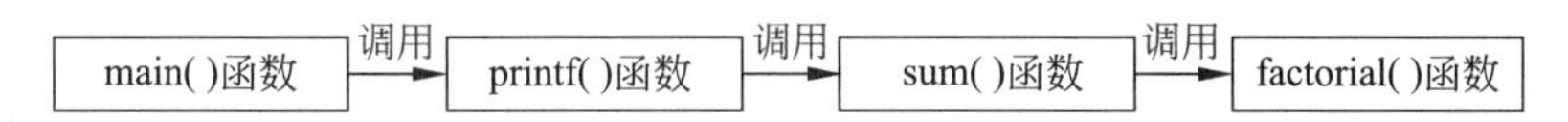

当主调函数中的代码执行到被调函数的位置时，系统执行操作会直接进入被调函数，转而执行被调函数的代码；被调函数执行完毕后再返回主调函数，主调函数根据从刚才进入被调函数的位置继续往下执行。整个程序执行过程可以认为是多个函数之间的相互调用过程，一个 C 语言程序的执行过程可以认为是多个函数之间的相互调用过程，整个调用过程的起点是 main()函数，终点也是 main()函数。当 main()函数执行完所有的命令后，就会结束整个程序。

函数调用（Function Call）就是使用已经定义好的函数。函数调用的一般形式如下：

```
functionName(param1, param2, param3 …);
```

其中，functionName 是函数名称；param1, param2, param3 …是实际参数列表。实际参数可以是常数、变量、表达式等，多个实际参数用逗号分隔。

在 C 语言中，有以下几种调用函数的方式：

1）函数调用作为表达式的一部分

函数调用出现在表达式中，以函数返回值参与表达式的运算，此时，要求函数是有返回值的。例如，y=sin(x)这个赋值语句的右端是调用函数 sin(x)，调用后的结果是把该函数返回值赋值给变量 y。

2）函数调用语句

函数调用可以作为单独的语句出现，如“printf("%d",a);”这种方式通常只要求函数完成一定的操作，不要求函数带回值。

3）函数调用作为函数实际参数

这种完成函数调用的方式是把该函数的返回值作为函数实际参数进行数据传送，所以要求该函数必须是有返回值的。如“printf("%d",max(a,b));”这里有两个函数，一个是 printf()函数，一个是 max()函数。调用 max()函数后的返回值作为 printf()函数的参数。

C 语言还有一种特殊类型的嵌套函数——递归函数。在调用一个函数的过程中，又直接或间接地调用该函数本身，称为函数的递归调用。函数的递归调用是 C 语言的一大特点。

前面学习了如何通过循环实现求阶乘的方法，下面学习通过递归函数来实现求阶乘的一种新方法（程序 6-07）。


```
/***********************************************************************
程序编号：6-07
程序名称：求一个数的阶乘
程序功能：由键盘输入整数n，求该数的阶乘
程序输入：输入整数n
程序输出：输出n!
***********************************************************************/
1  #include"stdio.h"
2  int main()
3  {
4       int function(int);
5       int n;
6   printf("Please input an integer:\n");
7      scanf("%d",&n);
8      printf("sum=%d\n",function(n));
9  }
10
11 int function(int num)
12 {
13
14     //  递归调用
15     if(num==0) {
16         return 1;
17     }else {
18
19         return num*function(num-1);
20
21     }
22 }
```

条件判断：
递归结束条件

递归函数调用

运行结果如图 6-8 所示。

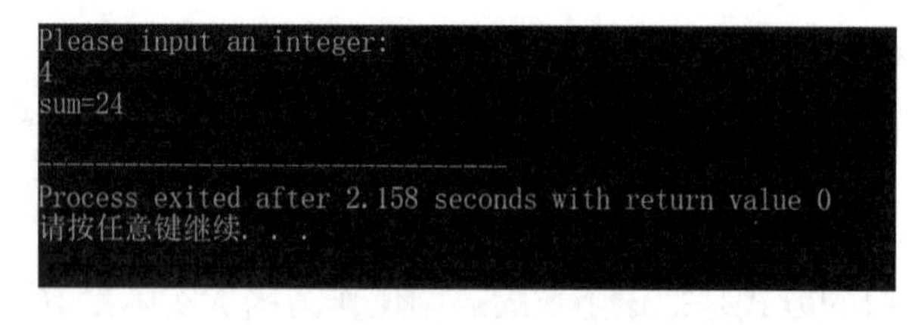

图 6-8　程序 6-07 的运行结果

程序分析如下。

这是一个简单的求 n!的例子，从前面的学习中可知，求阶乘可以用任意一种循环结构实现，也就是从 1 开始，乘以 2，乘以 3，乘以 4，一直乘到 n。从另一个角度来看，任意 n!(n>1)可以表示为 n! = n×(n–1)!，而(n–1)!又可以表示为(n–1)! = (n–1)×(n–2)!，以此

类推，直到 1！= 1×0！。可以看出，当 n 为自然数时，n!可以归纳表示为：

$$\begin{cases}1, & n=0 \\ n\times(n-1)!, & n>0\end{cases}$$

以 4！为例，如图 6-9 所示。

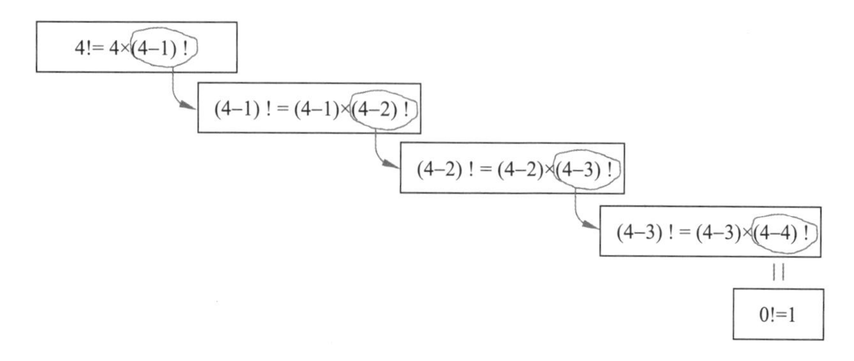

图 6-9　4!的求解过程

假设已经定义了一个函数 function()来求解 n!。从求解阶乘的数学定义可知，只需要得到参数 n，即可求解。将参数 n 传递给函数 function()，在函数 function(n)的内部，n!只需要执行一步乘法运算，该运算的数学表达式为 n×(n–1) !，其中 n 为已知参数。由于函数 function()可以用来求解阶乘，那么(n–1) !可以通过将参数 n–1 传递给 function()函数求得。也就是说，function(n)函数的函数体可以改写成 n×function(n–1)，而当调用 function(n–1)函数时，内部的函数体中(n–1)×function(n–2)又包含了对 function(n–2)的调用，这样层层嵌套，循环调用 function()函数，唯一的区别是每次传递的参数在发生变化，通过前面的学习可知，使用循环结构必须有结束循环的条件，否则就会变成死循环。在调用 function()函数时，传递的参数一直在变小，直到 n=0，此时 0！= 1，不需要调用 function()函数，也就是说只有当 n≠0 时，才调用 function()函数，由此，只要每次进入函数 function()，做一次条件判断，以检测参数是否为 1（通常可用条件判断语句实现），这样就可以保证整个递归函数的调用是有限次的，不会进入死循环。

综上所述，如果一个问题想要通过递归函数来实现，那么这个问题必须满足以下两点。

（1）可以递归定义为数学表达式。

（2）有明确的结束递归的条件。

只要能满足以上两个条件，那么总可以根据结束递归的条件和递归定义编写出递归函数。

小练笔

小练笔 6.2.3

仿照程序 6-07，试编程用递归方法求解 n 的 k 次方，与 6.2.2 节的小练笔比较，理解递归和循环之间的区别和联系。

6.3 函数参数

6.3.1 数组作函数的参数

在调用有参函数时，需要提供实参。在前面学习的函数调用中，都是将数值作为实参传递（复制）给形参，实参可以是常量、变量或表达式，这是最常见的一种参数传递方式，也被称为值传递。在值传递过程中，参数复制会使内存给形式参数和实际参数分别分配存储空间。因此，在函数中，对形式参数的任何改变都不会影响实际参数。

通过数组的学习，可以知道数组的元素也被认为是一种简单变量，因此，数组元素自然也可以作为实际参数使用，其用法与简单变量相同，在发生函数调用时，把作为实际参数的数组元素的值传送给形式参数，同样是单向的值传送。然而不同的是，数组元素不能用作形式参数，因为，形式参数是在函数被调用时才会分配存储单元，而结束调用时，其存储空间会被释放。数组是在定义的时刻，存储单元就已经被分配好，存储单元的释放也是随数组整体进行的，不会单独释放其中某个元素的存储空间。

下面通过一个例子来说明数组元素作为函数实际参数的使用方法。

输入一个数组，判别每个数组元素的值是否大于 0，若大于 0 则输出该值，若小于或等于 0 则输出 0 值（程序 6-08）。

```
/***************************************************************************
程序编号：6-08
程序名称：判断一个数组中的元素是否大于0
程序功能：由键盘输入一个数组，若数组元素大于0，则输出该值，否则输出0
程序输入：输入一个数组
程序输出：数组中对应的元素是否大于0
***************************************************************************/
1  #include"stdio.h"
2  int main(){
3   void output(int);
4      int arr[6],i;
5      printf("Please input 6 numbers:\n");
6      for(i=0;i<6;i++){
7         scanf("%d",&arr[i]);
8
9         output(arr[i]);          函数调用：数组元素作为实参
10
11     }
12     return 0;
13 }
14
15 void output(int x){
16     if(x>0)
```

```
17          printf("%d ",x);
18      else
19          printf("%d ",0);
20  }
```

运行结果如图 6-10 所示。

```
Please input 6 numbers:
-7 12 5 -3 9 18
0 12 5 0 9 18
--------------------------------
Process exited after 18.07 seconds with return value 0
请按任意键继续. . .
```

图 6-10　程序 6-08 的运行结果

程序分析如下。

在程序 6-08 中，首先定义一个无返回值的函数 output()，其形式参数 x 为整型变量，在函数体内部，将根据 x 数据的值的大小，输出相应的结果。在 main()函数中定义一个整形数组 arr[i]，数组 arr[i]的元素数据类型必须与形式参数 x 一致。使用一个 for 循环语句逐个输入数组各元素，将每个元素作实际参数调用一次 output()函数，即把数组 arr[i]的值传递给形式参数 x，供被调函数使用。

同样地，多维数组元素也可以作为实际参数来使用，用法与一维数组元素类似，这里不再赘述。

除了用数组元素作为函数实际参数以外，还可以用数组名作函数参数（包括形式参数和实际参数），此时，传递的参数是数组第一个元素的物理地址，而不是进行值的传递。这样可以保证整个数组的所有元素一次性传递给被调函数，而不需要通过循环逐个元素进行参数传递。

下面介绍用数组名作函数参数的例子，让读者理解地址传递参数的方法，如程序 6-09 所示，定义一维数组 score[]，该数组中存放了一名学生 8 门课程的成绩，求该学生的平均成绩。

```
/*************************************************************************
程序编号：6-09
程序名称：计算学生的平均成绩
程序功能：由键盘输入学生8门课程的成绩，调用函数计算其平均值
程序输入：学生8门课程成绩的数组
程序输出：该学生这8门课程成绩的平均值
*************************************************************************/
1  #include"stdio.h"
2  int main(void){
3   float aver(float arr[], int n);
4      float score[8],av;
5      int i;
6      printf("Please input 8 scores:\n");
```

```
7       for(i=0;i<8;i++)
8          scanf("%f",&score[i]);
9          printf("The average score is %5.2f", aver(score,8) );
10      return 0;
11  }
12
13
14  float aver(float arr[], int n )
15  {
16      int i;
17      float av, temp=arr[0];
18      for(i=1;i<n;i++)
19         temp=temp+arr[i];
20      av=temp/n;
21      return av;
22  }
```

函数调用：数组作为实际参数

数组类型必须一致

函数定义：数组作为形式参数

运行结果如图 6-11 所示。

```
Please input 8 scores:
83 65 92 77 52 98 89 66
The average score is 77.75
--------------------------------
Process exited after 47.43 seconds with return value 0
请按任意键继续. . .
```

图 6-11　程序 6-09 的运行结果

程序分析如下。

使用数组名作为函数参数时，首先要在主调函数和被调函数中分别定义数组，在程序 6-09 中，main()函数中定义了浮点型的数组 score[]，并指明长度为 8，在函数 aver()中，定义其中一个形参为浮点型数组 arr[]，主函数和被调函数必须包含同类型的数组，才可以进行参数传递，否则编译将出错。

在定义形式参数数组时，有如下两种形式。

（1）不指明数组长度，如程序 6-09 中的 float arr [ ]。

（2）指明数组长度，如 float arr [100]，但实际上可以不指定形式参数数组的长度，如将上面例子中 aver()函数的形式参数 float arr[]改为 float arr[5]，编译依然可以通过。当形式参数数组的长度与实际参数数组不一致时，虽不至于出现语法错误（编译能通过），但程序执行结果将与实际不符，这是应予以注意的。

形式参数数组的长度与实际参数数组不一致时，编译器不会报错。这是因为 C 语言编译系统并不检查形式参数数组的长度，由于数组名实际上是整个数组的首地址，在传递参数时，编译器只识别数组名，然后将数组首地址传递给形式参数，而读取的数组元素个数传递给 aver()函数中的第二个形式参数即可。

通过前面对数组的学习，计算机系统为了便于内存管理，以字节（byte）为单位，对内存空间编号，这些编号称为对应空间的物理地址。C 语言在定义数组类型的数据时，会将连续的内存空间分配给数组，例如，程序 6-09 中定义数组 float score[8]，那么会将 32 字节的存储单元分配给数组 score[]，score[]中的每个元素占用 4 字节，如图 6-12 所示。在 C 语言中，数组名除作为变量的标识符之外，还代表了该数组在内存中的起始地址，那么只要知道数组的首地址，按照地址偏移量便可以顺序访问数组中的每个元素，因此，在数组进行参数传递时，只要将实际参数数组名传递给形式参数数组即可。形式参数数组取得该首地址后，也就等于有了具体的地址。实际上是形式参数数组和实际参数数组为同一数组，共同使用一段内存空间。关于 C 语言中地址变量的使用，会在第 7 章中详细介绍。

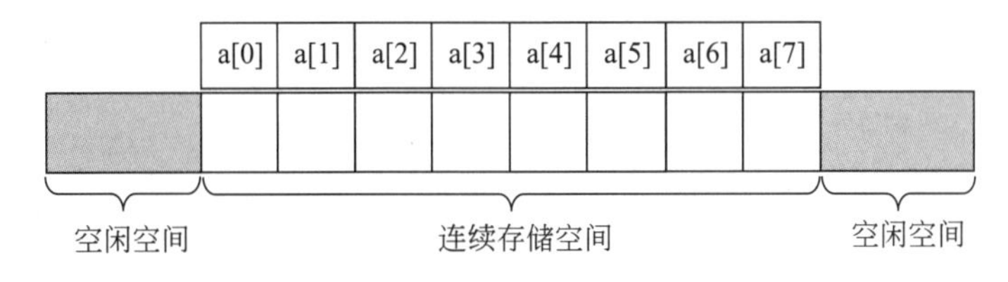

图 6-12　存储单元

类似地，多维数组名也可以作为函数的实际参数和形式参数。在被调用函数中，对形式参数数组定义时，可以指定每一维的大小，也可以省略第一维的大小说明。例如，对于二维数组，以下两种写法都是合法且等价的。

```
int MA(int a[5][10])
```

或

```
int MA(int a[][10])
```

但是第二维或者更高维的大小省略，类似这样的定义“void Func(int arr[][]);”是不合法的。由于数组在内存中的存储是按照连续空间线性地址存储，从实际参数传递来的是数组的起始地址，在内存中按数组排列规则存放（按行存放），而并不区分行和列，所以，如果在形式参数中不说明列数，则系统无法决定应为多少行多少列。不能只指定一维而不指定第二维，下面写法是错误的：“void Func(int array[3][]);”，实际参数数组维数可以大于形式参数数组，如实际参数数组定义为“void Func(int array[3][10]);”而形式参数数组定义为“int array[5][10];”，这时形式参数数组只取实际参数数组的一部分，其余部分不起作用。下面通过一个实例来学习二维数组的参数传递问题。

求一个 4×4 的矩阵元素的最小值（程序 6-10）。

```
/**************************************************************************
程序编号：6-10
程序名称：求矩阵元素的最小值
程序功能：由键盘输入一个矩阵，调用函数计算该矩阵中元素的最小值
程序输入：输入一个4×4的矩阵
程序输出：该矩阵中最小的元素值
**************************************************************************/
1   #include"stdio.h"
2   int main()
```

```
3   {
4   int min_val( int arr[4][4] );
5   int i,j,array[4][4],min_value=0;
6
7   for(i=0;i<4;i++)
8       for(j=0;j<4;j++)
9           scanf("%d",&array[i][j]);
10
11      min_value = min_val( array );
12      printf("The minimum value is\n");
13      printf("%d",min_value);
14      return 0;
15  }
16
17  int min_val( int arr[4][4] )
18  {
19      int i,j,max;
20      max=arr[0][0];
21      for(i=0;i<4;i++)
22          for(j=0;j<4;j++)
23              if(arr[i][j]<max)
24                  max = arr[i][j];
25      return (max);
26  }
```

自定义函数声明：

函数声明的另一种形式：
int min_val(int arr[][4])

函数调用：
二维数组名作为实际参数

函数定义：
二维数组作为形式参数

二维数组作为形式参数的另一种形式：
int min_val(int arr[][4])

运行结果如图 6-13 所示。

```
12 73 28 90 36 58 29 41 88 64 37 15 20 44 63 55
The minimum value is
12
--------------------------------
Process exited after 91.44 seconds with return value 0
请按任意键继续. . .
```

图 6-13　程序 6-10 的运行结果

程序分析如下。

程序 6-10 中，通过调用自定义函数 min_val()来查找 main()函数中二维数组 array[]中的最小值。对于自定义函数来说，形式参数数组 arr[]的第一维大小可以省略，第二维大小不能省略，而且要和实际参数数组 array[]的第二位大小相同，此时，对应的自定义函数中的形式参数和函数声明中的形式参数要对应一致。

在主函数 main()中调用函数 min_val()时，将二维数组 array[]的数组名作为实际参数，传递给 min_val()，意味着把二维数组 array[]第一行的首地址传递给了函数 min_val()，由于此时不是值传递，因此，并不会将实际参数数组 array[]复制给自定义函数中的形式参数数组 arr，而是将地址赋给了形式参数数组 arr[]，也就是形式参数和实际参数同时指向同一段内存地址，在自定义函数对数组 arr[]进行访问或修改元素时，也就意味着对主函数 main()

中的实际参数数组 array[]进行访问或修改，这是与简单变量参数传递的重要区别。

对于数组作为函数参数的使用，在第 7 章中会看到加多样的使用方法，读者可结合具体问题进行具体选择。

小练笔

小练笔 6.3.1

给定数组 a[5]= {1000, –8, 3, 67, 50}，试编写 double getAverage(int arr[], int size)函数完成求数组元素平均值，并在主函数调用 getAverage()函数求得最后结果。

6.3.2 结构体作函数的参数

结构体作函数的参数有三种传递方式：第一种是值传递，例如，传递结构体变量，会将结构体变量所占内存单元的内容全部顺序传递给形式参数，形式参数必须是同类型的结构体变量；第二种是进行地址传递，例如，用指向结构体变量的指针作实际参数，将结构体变量的地址传给形式参数；第三种是传递结构体成员，或者使用结构体变量的引用变量作函数参数，当然此时也分为值传递和地址传递。以地址传递方式传递结构体比值传递方式传递结构体的效率更高。

下面通过一个例子来学习如何定义一个结构体 Student（程序 6-11），然后声明一个 struct Student 的变量 Student 结构体中包含该学生的各种信息，在自定义函数 Display()中对其进行访问以及操作，再在主函数中输出其结果。

```
/***************************************************************************
程序编号：6-11
程序名称：结构体作函数参数示例
程序功能：初始化一名学生的信息，传入Display()函数显示该名学生的详细信息
程序输入：初始化之后的学生结构体
程序输出：该学生的详细信息
***************************************************************************/
1   #include"stdio.h"
2   #include"stdlib.h"
3   struct Student
4   {
5    char Name[30];
6       float Score[4];
7   };
8
9   int main()
10   {
11      void Display(struct Student);
12      Student student={"张晓伟",92.0,83.0,96.5,93.0};
13      Display(student);
14      return 0;
15   }
16
```

Student类型的结构体定义

自定义函数声明：结构体变量作为形式参数

定义struct Student类型的变量student并初始化

函数调用：结构体变量作为实际参数

```
17
18  void Display(struct Student stu)
19  {
20     printf("学生姓名: %s\n",stu.Name);
21     printf("语文:%.2f\n",stu.Score[0]);
22     printf("数学:%.2f\n",stu.Score[1]);
23     printf("英语:%.2f\n",stu.Score[2]);
24     printf("政治:%.2f\n",stu.Score[3]);
25     printf("该生平均成绩为:%.2f\n",\
26       (stu.Score[0]+stu.Score[1]+stu.Score[2]+
          stu.Score[3])/4);
27  }
```

自定义函数：结构体变量作为形式参数

运行结果如图 6-14 所示。

```
学生姓名：张晓伟
语文:92.00
数学:83.00
英语:96.50
政治:93.00
该生平均成绩为:91.13

--------------------------------
Process exited after 0.0891 seconds with return value 0
请按任意键继续. . .
```

图 6-14　程序 6-11 的运行结果

程序分析如下。

在程序 6-11 中，将 student 变量的数据传递给了函数 Display()，在函数 Display()内部输出某名学生的所有成绩信息，并计算其平均成绩。此时，采取的是“值传递”的方式，将结构体变量 student 所占的内存单元的内存全部顺序传递给形式参数 stu。在函数调用期间形参也要占用内存单元。当结构体的规模比较大时，这种传递方式会消耗较多的内存空间。并且，由于采用值传递的方式，如果在函数被执行期间改变了形式参数的值，该值不能反映到主调函数中对应的实际参数，这往往不能满足使用要求。

结构体作函数参数的另一种方式是进行地址传递，此时，使用指针变量对结构体进行访问，这部分内容将在第 7 章进行详细介绍。

最后一种方式是传递结构体成员，当然此时也分为值传递和地址传递，此时对于结构体成员的参数传递方法与简单变量的参数传递方法类似，这里不再赘述。

小练笔 6.3.2

小练笔

已知一本书具有如下四种属性：

```
struct Books
{
   char title[50];
   char author[50];
```

```
    char subject[100];
    int book_id;
};
```

请编程完成主函数和 printBook()函数，具体要求如下：

（1）在主函数完成对两本书的初始化。

（2）printBook()函数根据传入的结构体完成对结构体成员的打印输出。

6.4 变量的存储类别、生存期和作用域

6.4.1 变量的存储类别

程序中经常会使用变量，在 C 语言程序中可以选择变量的不同存储形式，其存储类别分为静态存储和动态存储。可以通过存储类别修饰符来告诉编译器要处理什么样类型的变量，主要有自动（auto）、静态（static）、寄存器（register）和外部（extern）四种。静态存储是指程序运行时为其分配固定的存储空间，动态存储则是在程序运行期间根据需要动态地分配存储空间。动态存储的变量有 auto 型、static 型，静态存储的变量有 register 型和 extern 型。

1．auto 变量

auto 变量用于定义一个局部变量为自动的，这意味着每次执行到定义该变量时，都会产生一个新的变量，并且对其重新进行初始化。

auto 变量是可以省略的，如果不特别指定，局部变量的存储方式默认为自动的。

2．static 变量

static 变量为静态变量，将函数的内部变量和外部变量声明成 static 变量的意义是不一样的。不过对于局部变量来说，static 变量是和 auto 变量相对而言的。尽管两者的作用域都仅限于声明变量的函数之中，但是在语句块执行期间，static 变量将始终保持它的值，并且初始化操作只在第一次执行时起作用。在随后的运行过程中，变量将保持语句块上一次执行时的值。

3．register 变量

register 变量称为寄存器存储类变量。通过 register 变量，可以把某个局部变量指定存放在计算机的某个硬件寄存器中，而不是内存中。这样做的好处是可以提高程序的运行速度。实际上，编辑器可以忽略 register 对变量的修饰。

用户无法获得寄存器变量的地址，因为绝大多数计算机的硬件寄存器都不占用内存地址。而且，即使编辑器忽略 register，而把变量存放在可设定的内存中，也是无法获取变量的地址的。

4．extern 变量

extern 变量称为外部存储变量。extern 变量声明了程序中将要用到但尚未定义的外部变量。通常，外部存储类都用于声明在另一个装换单元中定义的变量。

小练笔

阅读下列程序并写出该程序的运行结果，体会 auto 变量的定义和使用。

```
#include"stdio.h"
#include"conio.h"
int main()
{
  int i,num;
  num=2;
  for(i=0;i<3;i++)
  {
    printf("\40: The num equal %d \n",num);
    num++;
    {
      auto int num=1;
      printf("\40: The internal block num equal %d \n",num);
      num++;
    }
  }
  getch();
  return 0;
}
```

6.4.2 变量的生存期

变量可以在某特定需要的时刻被创建，或在不被需要的时候被删除。在创建与删除之间所经过的时间，被称作变量的生存期。生存期是个动态概念，表示变量在内存中的创建、使用、销毁过程，是运行时概念。

在 C 语言中，变量的生存期有两种：静态生存期和动态生存期。

1．静态生存期

静态生存期指变量在程序运行一开始就被建立，而在程序运行结束后才从内存中删除。在程序运行中系统分配固定的内存单元。具有静态生存期的变量是全局变量和静态变量，具有静态生存期的变量存储在程序的静态数据存储区中。例如：

```
static int num;
```

具有静态生存期的变量在定义时如果没有初始化，则初值自动为 0，如果有初始化，初始化数据在刚开始运行建立静态数据区时会执行一次，且以后再也不会执行初始化操作。

2．动态生存期

动态生存期是指变量在程序运行过程中，因需要使用才建立，而使用结束就被删除，在程序运行中系统分配临时内存单元。具有动态生存期的变量有局部 auto 变量和 register 变量，它们存储在程序的动态数据区中。

对于复合语句中定义的 auto 型的局部变量，每当程序运行至该语句时，就会在动态数据区建立这些局部变量的存储空间，而一旦程序流程离开该复合语句时，该复合语句中的局部变量将被系统从内存中删除。

具有动态生存期的变量在定义时如果没有初始化，初值将被设定为随机数（一般动态生成期的变量在定义时就应该初始化），动态生存期的变量在定义时如有初始化，则每当程序创建该变量时都会执行初始化。

小练笔

阅读下列程序并写出该程序的运行结果，体会变量动态生存期与静态生存期的区别。

```
#include<stdio.h>
void func();
int n=1;
int main()
{
    static int a;
    int b=-10;
    printf("a:%d,b:%d,n:%d\n",a,b,n);
    b+=4;
    func();
    printf("a:%d,b:%d,n:%d\n",a,b,n);
    n+=10;
    return 0;
}
void func()
{

    static int a=2;
    int b=5;
    a+=2;
    n+=12;
    b+=5;
    printf("a:%d,b:%d,n:%d\n",a,b,n);
}
```

6.4.3 变量的作用域

变量的作用域是指变量在程序中的有效范围，分为局部变量和全局变量。局部变量和形式参数的作用域是函数内部，全局变量的作用域是整个文件。但可以通过声明一个 extern 型的全局变量扩展全局变量的作用域，也可以通过定义一个 static 型的全局变量限制这种扩展。与生存期不同，作用域是个静态概念，表示变量的可见范围。

1. 局部变量

局部变量是指在函数内部定义的变量。它的作用域从定义（或声明）开始，到函数结束。它只对函数本身可见，对函数外部不可见。任何手段都无法访问函数内部的变量。

2. 全局变量

全局变量是指不在任何函数内定义的变量。它是定义在函数之外的变量。全局变量的作用域为从定义全局变量的位置起到本源程序文件结束为止。

小练笔

阅读下列程序并写出该程序的运行结果，理解全局变量和局部变量的区别。

```
#include<stdio.h>
/* 全局变量声明 */
int g = 20;
int main()
{
  /* 局部变量声明 */
  int g = 10;
  printf("value of g = %d\n", g);
   return 0;
```

6.4.4 内部函数和外部函数

变量可以根据作用域的不同划分为内部变量和外部变量。那么函数有没有类似的划分方式呢？答案是肯定的。根据函数能否被其他源程序文件调用，将函数分为内部函数和外部函数。

需要注意的是，如果不加声明的话，一个文件中的函数既可以被本文件中其他函数调用，也可以被其他文件中的函数调用。

1. 内部函数

如果一个函数只能被本文件中的其他函数调用，则称为内部函数。在定义内部函数时，在函数名和函数类型的前面加关键字 static。即：

```
static 类型标识符 函数名(形式参数表)
```

如：

```
static int fun(int a, int b)
```

内部函数又称静态函数。使用内部函数可以使函数只局限于所在文件，如果在不同的文件中有同名的内部函数，可互不干扰。这样不同的人可以分别编写不同的函数，而不必担心所用函数是否会与其他文件中的函数同名。

2. 外部函数

如果一个函数可供其他文件调用，则称为外部函数。在定义外部函数时，在函数名和函数类型的前面加关键字 extern。即：

```
extern类型标识符 函数名(形式参数表)
```

如：

```
extern int fun(int a, int b)
```

这样，函数 fun()就可以被其他文件调用。C 语言规定，如果在定义函数时省略 extern，则隐含为外部函数。

在需要调用此函数的文件中，需要对此函数使用 extern 声明，表明所用的函数是外部函数。

习　题

1. 编写函数实现八皇后问题。在 8×8 的国际象棋棋盘上，安放 8 个皇后，要求没有一个皇后能够“吃掉”其他任何皇后，即没有两个或两个以上的皇后占据棋盘上的同一行、同一列或同一条对角线。

2. 编写子函数实现：求解 $1^4+2^4+3^4+\cdots+n^4$。主函数定义变量 n，n 从键盘输入。

3. 编写子函数实现计算 $\cos x$ 的值。主函数定义变量 x，x 从键盘输入（提示：考虑 $\cos x$ 的泰勒展开式）。

4. 用递归函数求两个正整数的最大公约数。

5. 编写递归函数实现数制转换，并将一个八进制数转换为二进制数。

6. 编写检验密码函数，密码输入错误时，允许重新输入，最多 3 次。输入错误时，提示“输入错误，请重输!”；如果 3 次均输入错误，程序停止，并提示“非法用户!”；如果密码正确，提示“欢迎使用!”。

7. 编写函数计算两点间的距离：给定平面上任意两点坐标 (x_1,y_1) 和 (x_2,y_2)，求这两点之间的距离（保留 2 位小数）。要求定义和调用函数 $dist(x_1,y_1,x_2,y_2)$ 计算两点之间的距离。

8. 外部函数和外部变量有几种？简述它们各自的意义和应用。

层次 5：利用指针实现更高效的程序设计

层次 5 目标

- 适合读者：进阶学习的读者。
- 层次学习目标：理解指针能够实现高效编程的原因。
- 技能学习目标：掌握指针的定义、使用方法以及注意事项；掌握指针作为函数参数的用法。

第7章 指　针

● 知识点和本章主要内容

本章主要介绍指针的有关知识，包括指针的定义与使用、指针在数组中的使用、指针在结构体中的使用，属于程序设计的第5个层次。通过本章的学习，可以使用C语言结合计算思维进行层次化的程序设计。

7.1 指针概述

在生活中，如果想弹钢琴是将钢琴从朋友家搬到自己家吗？如果是，那弹完还要再搬回去，工作量是不是太大了？有没有更简便的方法呢？试想，如果朋友把放钢琴地方的钥匙给我们，我们拿着钥匙直接去弹琴是不是更方便呢？答案是肯定的。存放钢琴地方的钥匙代表了钢琴的地址，到达这个地址便能够直接弹琴。

这就是本章的内容——指针，指针就是地址。

计算机内存是以字节为单位的存储空间。内存的每一字节都有一个唯一的编号，这个编号就称为地址，如图7-1中所示的2000、2001等。

如语句：

```
int a=50;
```

系统给a在内存中分配4字节，地址为2000～2003，如图7-1所示，并赋值50。首地址是2000，表示变量a的地址。

符号&为取地址运算符，因此&a表示变量a的地址，值为2000。程序中找到地址2000，也就找到了变量a，就可以对变量a进行操作。

通过地址能找到变量单元，可以形象地理解为地址指向变量。因此，将地址形象化地称为“指针”，存放地址的变量称为指针变量。

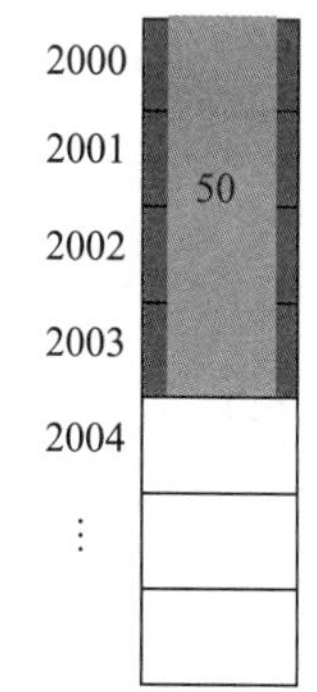

图7-1　内存地址和变量a存储图

7.1.1 指针的定义

下面是一个试图实现两个数交换的例子。将两个数交换的功能封装成swap()函数，在main()函数中通过调用swap()函数，来交换main()函数中的两个变量的值。

1．普通变量作为函数的参数

```
/************************************************
程序编号：7-01
程序名称：变量作参数交换值
程序功能：调用函数交换主程序中两个变量的值
程序输入：两个整型变量的值
程序输出：交换函数调用后两个整型变量的值
************************************************/
1  #include<stdio.h>
2  int main()
3  { void swap(int x,int y);      //函数声明
4   int a,b;
5   printf("please enter a and b:");
6   scanf("%d %d",&a,&b);
7   if  (a<b)  swap(a,b);          //若条件满足，则调用swap()函数。将main()函数中
                                   //的变量a和b的值传给swap()函数的形式参数x和y
8   printf("a=%d,b=%d\n",a,b);
9   return 0;
10  }
11
12  void swap(int x,int y)
13  { int temp;
14     temp=x; x=y; y=temp;       //x和y的值互换
15  }
```

运行结果如图 7-2 所示。

```
please enter a and b(eg:3 4):
3 4
a=3,b=4
```

图 7-2　程序 7-01 的运行结果

程序分析如下。

从程序结果看，main()函数的两个变量 a 和 b 的值并没有交换。分析得知，main()函数调用 swap()函数后，main()函数的 a 值传递给 swap()函数的形式参数 x，同理，b 值传递给 y。当执行 swap()函数时，swap()函数中 x 和 y 的值确实进行了交换。然而 swap()函数执行结束后，变量 x 和 y 的存储空间被释放，两个交换后的值被丢弃。main()函数的变量 a 和 b 的值还是原来的值，并没有因为 x 和 y 的值互换而发生改变。如果 swap()函数中的变量 x、y 能够操纵 main()函数中变量 a、b 的存储空间，执行 swap()函数，x 与 y 互换，a 和 b 的值也就交换了。如何做到这一点呢？请看程序 7-02，利用指针变量操纵其他变量。

2．指针变量作为函数的参数

```
/************************************************
程序编号：7-02
程序名称：地址作参数交换值
```

```
程序功能：调用函数交换主程序中两个变量的值
程序输入：两个整型变量的值
程序输出：交换函数调用后两个整型变量的值
*************************************************/
1  #include<stdio.h>
2  int main()
3  { void swap(int *p,int *q);   //swap()函数声明
4    int a,b;
5    printf("please enter a and b(eg:3 4):\n");
6    scanf("%d %d",&a,&b);
7    if (a<b)  swap(&a,&b);        //条件满足时，调用swap()函数，并将整型变量a的地
                                   //址和b的地址传给形式参数变量p和q
8    printf("a=%d b=%d\n",a,b);
9    return 0;
10   }
11
12  void swap(int *p,int *q)       //定义指针变量p和q作为swap()函数的形式参数
13  { int temp;
14     temp=*p;  *p=*q;  *q=temp;  //通过3条赋值语句实现指针变量p和q所指向的内容互换
15  }
```

运行结果如图 7-3 所示。

```
please enter a and b(eg:3 4):
3 4
a=4 b=3
```

图 7-3　程序 7-02 的运行结果

程序分析如下。

程序 7-02 中“int *p, int *q”的含义是定义了两个指针变量 p 和 q。定义指针变量的一般形式为：

类型 * 指针变量名;

可以看出，指针变量的定义方式和前面章节介绍的变量定义相似，都需要说明变量的类型，只是在变量名前多了一个符号“*”。一般形式中的“类型”可以是基本类型，如 int、float、char 等，称为指针变量的“基类型”。在“int　*p”这个指针变量定义的例子中，编译器给指针变量 p 分配一个字节的空间，这个空间不能存放数据，只能存放地址值，并且只能存储整型变量的地址，这是由指针基类型 int 限定的。类似地，“float　*q”这个指针变量 q 只能存放浮点型变量的地址。由于存在不同“基类型”的指针变量，因此只有相同“基类型”的两个指针变量可以相互赋值，不相同“基类型”的两个指针变量不可以相互赋值。例如：

```
int *p;
float *q;
```

```
p=q;        //错误！p和q是不同基类型的指针变量，不能相互赋值
```

程序 7-02 的 swap()函数的核心代码是第 14 行的 3 条赋值语句，它实现了数据的互换。为了理解这 3 条赋值语句，先看下面的例子：

```
int *p, a=3,b=5       //定义指针变量p，并分配存储空间
p=&a
b=*p;                 //执行赋值语句后，b的值由原来的5变为3
```

“p=&a”这条赋值语句将整型变量 a 的地址存放在变量 p 的存储空间中，此时指针 p 和变量 a 建立了联系，称 p 指向了变量 a，如图 7-4 所示；建立了指向关系后，不仅用变量名的方式操纵变量 a 的存储空间，还可以用指针 p 操纵变量 a 的存储空间。

图 7-4　指针指向示意图

如上代码有两个互逆的运算符“*”和“&”。“&”是熟悉的取地址符；“*”是取内容运算符，该运算符作用于指针变量，意思是取指针指向的变量的内容，因此“*p”的含义是取 p 所指向的变量 a 的内容。在这段代码中，a 的存储空间存放的值是 3，所以“*p”的值为 3。回到程序 7-02 第 7 行的“swap(&a,&b);”，通过函数调用的方式，将 p 指向 a，q 指向 b。不难理解第 14 行的“temp=*p; *p=*q; *q=temp”的目的是互换指针 p 和 q 指向的内容，最终实现 a 和 b 的值进行交换的目的。

指针是一个双刃剑，利用它能够访问到不属于自己范围的变量，方便了程序变量的传输，但同时也能让恶意程序修改不属于自己区域的内容，因此也不够安全，要合理使用指针。

试思考将 swap()函数改成下面的代码，能否交换两个变量的值呢？

```
void swap(int *p,int *q)
{  int *temp;
   temp=p; p=q; q=temp;  //p和q的值进行交换
}
```

答案是否定的。因为，void swap(int *p,int *q) 函数中交换的是参数 p 和 q 的值本身，而不是 p 和 q 指向的值。

小练笔 7.1.1

小练笔

输入 3 个整数 a、b、c，按由大到小的顺序将它们输出，要求用函数实现。

7.1.2　指针类型

指针和变量一样，具有不同的类型。指针定义时指定的类型决定了它能指向变量的类型，两个类型必须相同才能将对应变量的地址值存储到指针变量中，如程序 7-03 所示。

```
/**********************************************
程序编号：7-03
程序名称：指针小练习
程序功能：指针程序练习题目
程序输入：无
程序输出：使用指针输出存储的变量信息
**********************************************/
1   #include<stdio.h>
2   int main()
3   { int a=100;
4   char c='z';
5   int *pointi_a;  //定义整型指针pointi_a
6   char *pointc_c; //定义字符型指针pointc_c
7   pointi_a=&a;    //整型指针变量指向整型变量
8   pointc_c=&c;    //字符指针变量指向字符变量
9   printf("a=%d, c=%c\n",a,c);
10  printf("*pointi_a=%d,*pointc_c=%c\n",* pointi_a,* pointc_c);
11  return 0;
12  }
```

运行结果如图 7-5 所示。

```
a=100, c=z
*pointi_a=100,*pointc_c=z
```

图 7-5　程序 7-03 的运行结果

程序分析如下。

指针定义的基类型决定了指针能存储的变量地址类型，并且进行赋值初始化后才能使用。程序 7-03 中首先用语句“int *pointi_a;”定义了一个整型指针变量，然后通过语句“pointi_a=&a;”将整型变量 a 的地址赋给整型指针变量 pointi_a，对指针变量赋初值。同理，用语句“char *pointc_c;”定义了一个字符指针变量 pointc_c，通过语句“pointc_c=&c;”将字符变量 c 的地址赋给字符指针变量 pointc_c，对字符指针变量赋初值。指针变量赋值之后就可以通过*号和变量名结合取出所指向变量的值，如*pointi_a，语句“printf("*pointi_a=%d,*pointc_c=%c\n",* pointi_a,* pointc_c）;”通过指针输出整型变量和字符变量的值。程序 7-03 的运行结果显示 a 和* pointi_a 输出的都是 a 变量的值，c 和* pointc_c 输出的都是 c 变量的值。

试思考语句“pointi_a=&c;”是否能成功执行？答案是不能。因为指针 pointi_a 的基类型是整型，而变量 c 的类型是字符型，两个类型不一致，因此不能成功执行。

小练笔 7.1.2

小练笔

编写程序，使用指针接收用户输入的整数值和字符值。

7.2 指针与数组

数组元素在内存中占据了一组连续的存储单元，在内存中连续存放，每个数组元素都有一个地址，C 语言中，数组名代表数组首地址，也就是下标为 0 的元素的地址值。

指针存储的也是地址，因此指针可以指向数组。如果指针 p 指向数组 a，那么，数组元素 a[i]的地址可以表示为&a[i],p+i,a+i。p+i 指向数组 a 的第 i 个元素 a[i]，也就是 p+i=&a[i]，此时对 a[i]的访问完全可以转化为对*(p+i)的访问。

因此，数组元素可以使用下标访问也可以使用指针访问，a[i]也可以表示为 p[i]。

7.2.1 指针操作数组元素

指针指向数组元素时可以通过加减数字进行指向元素的移动。程序 7-04 是一个通过指针指向数组元素进行操作的例子。main()函数中定义数组和指针变量，然后通过指针输出数组元素的值。

```
/**************************************************
程序编号：7-04
程序名称：操作数组
程序功能：利用指针输出数组元素
程序输入：数组元素值
程序输出：数组元素
**************************************************/
1  #include<stdio.h>
2  int main()
3  {  int a[10];  int *p,i; p=a;              //定义指针p，并指向数组a的首元素
4     printf("enter 10 integer numbers:\n");
5     for(i=0;i<10;i++)  scanf("%d",&a[i]);  //输入数组a
6     for(;p<(a+10);p++)                      //p++;表示p指向数组中下一个元素
7         printf("%d ",*p);                   //通过指针p输出数组a中的各个元素
8     printf("\n");
9     return 0;
10 }
```

运行结果如图 7-6 所示。

```
enter 10 integer numbers:
1 2 3 4 5 6 7 8 9 10
1 2 3 4 5 6 7 8 9 10
```

图 7-6　程序 7-04 的运行结果

程序分析如下。

程序 7-04 的第 3 行语句“p=a;”中，a 是数组名，代表数组首元素的地址，是一个常量。这条语句的含义不是将数组 a 的各元素的值赋给 p，而是把数组 a 的第一个元素的地

址赋值给指针变量 p，称 p 指向数组 a 的第一个元素。第 6 行的“p++”中，对指针变量进行自增运算，其含义不是地址值增加 1，也不是地址值增加 1 个字节后的地址值，而是指针 p 向后移动 1 个基类型元素后的地址值。第 3 行语句使得指针 p 指向了数组 a 的首地址，那么“p++”的意思就是指向数组 a 的下一个元素。因为数组 a 的基类型是整型，所以执行“p++”后，指针 p 向后移动一个整型类型字节。p--、p+i、p–i 都有类似的含义。第一次执行第 7 行语句后，通过*p 访问数组第一个元素的值。语句 p++使 p 指向下一个元素，这样就可以通过循环实现数组所有元素的输出。

数组元素的指针就是数组元素的地址，数组的指针就是数组的首地址，也就是第一个数组元素的地址，数组名代表数组的首地址。因此定义一个指向数组元素的指针变量的方法如下，与以前介绍的定义指向变量的指针变量相同。

```
数组基类型 *指针变量名;
指针变量名=数组名;  /* 指针变量名=&数组名[0] */
```

或

```
数组基类型 *p=数组名;
```

如图 7-7 所示，有如下定义。

```
int a[10]={1,3,5,7,9,11,13,15,17,19};
int *p;
```

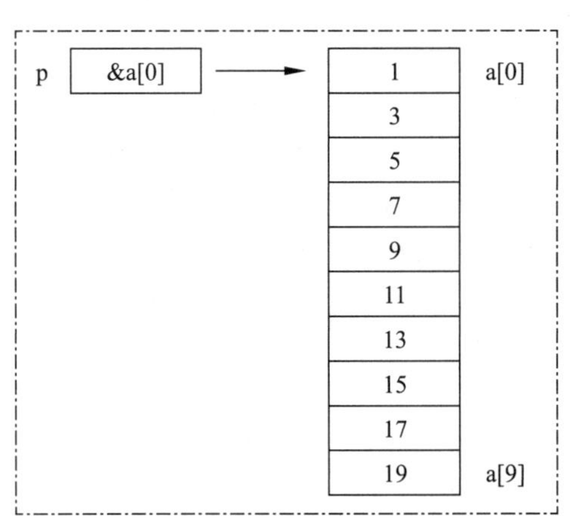

图 7-7　数组 a 和指针 p

下面是对定义的指针变量赋值：

```
p=&a[0];          或者  p=a;
int *p=&a[0];     或者  int *p=a;
```

其中，“p=a;”还可以改为“p=&a[0];”。

```
for(p=a;p<(a+10);p++)
   printf("%d ",*p);
```

还可以改为

```
for(i=0;i<10;i++)
    printf("%d ",p[i]);
```

其中，a[i]、p[i]、*p 是可以通用的。

注意：数组名、数组指针变量使用时是有区别的，数组名是常量指针，它指向数组首地址；数组指针变量是变量，它的值可以改变。

请看下面的例子：

a、b 是数组名，p 是同类型的数组指针变量。

```
a++;  *(a++);  a=a+i;  a=b;   //错误！因为数组名是常量指针
```

而

```
p++;  *(p++);  p=p+i;  p=a;   //正确！因为p是指针变量
```

最后，将前面的知识点总结如下。

（1）指针存储的是地址，数组名也是地址，因此可以相互赋值。

如：

```
int a[10], *p;
p=a;                          //指针p指向数组a
```

那么，数组元素 a[i]的地址可以表示为&a[i],p+i,a+i。p+i 指向数组 a 的第 i 个元素 a[i]，也就是 p+i=&a[i]，此时对 a[i]的访问完全可以转化为对*(p+i)的访问。

因此，引用数组元素可以采用如下两种方法（假设 p=a）。

① 下标法：通过数组元素的序号（索引）来访问数组元素，如 a[i]或 p[i]。

① 指针法：通过数组元素的地址访问数组元素，如*(a+i),*(p+i)。

（2）数组元素可以进行取地址操作并对同类型指针赋值。

如：

```
p=&a[0];
```

指针指向类型和变量类型不同时，不能互相赋值。

```
char *q;
q=a;   q=&a[0];   //错误!! 指针和数组类型不同不能相互复制
```

（3）数组存储的元素地址是连续的，因此指针指向数组元素时可以进行加减操作。

① 加一个整数（用+或+=），如 p+1，表示指针 p 指向的下一个元素地址。

① 减一个整数（用−或−=），如 p−1，表示指针 p 指向的前一个元素地址。

③ 自加运算，如“p++，++p;”表示指针 p 的值加了一个 1，指向了下一个元素。

④ 自减运算，如“p--，--p;”表示指针 p 的值减了一个 1，指向了前一个元素。

⑤ 两个指针相减，如 p1−p2，表示两个指针之间的间隔元素个数，这种情况只有 p1 和 p2 都指向同一数组中的元素时才有意义。

小练笔

对数组 a[10]，将其中最小的数和第一个数对换，把最大的数与最后一个数对换，用指针实现。

7.2.2 指针作为函数参数操作数组元素

了解了指针指向数组后，就可以用指针操作数组元素。接下来讲解将指向数组元素的指针作函数参数后，修改 main()函数中的一组数据，如程序 7-05 所示。

```
/*************************************************
程序编号：7-05
程序名称：指针作为函数参数操作数组元素
程序功能：将数组a中的n个整数按相反顺序存放
程序输入：数组元素值
程序输出：相反顺序存放之后的数组元素
*************************************************/
1  #include<stdio.h>
2  int main()
3  { void inv(int *x,int n);
4     int i, arr[10],*p=arr;
5     for(i=0;i<10;i++,p++)
6         {
7       *p=i+1;    //给arr数组赋初值
8       printf(" %d ",*p);
9      }
10    inv(arr,10);
11    printf("\nAfter inverse: \n");
12    for(p=arr;p<arr+10;p++)
13       printf(" %d ",*p);
14    printf("\n");
15    return 0;
16  }
17  //交换数组元素顺序
18  void inv(int x[ ],int n)
19  { int temp,*i,*j;
20    i=x; j=x+n-1;
21    for(   ; i<j; i++,j--)
22    { temp=*i; *i=*j; *j=temp; }
23  }
```

运行结果如图 7-8 所示。

程序分析如下。

```
 1  2  3  4  5  6  7  8  9  10
After inverse:
 10  9  8  7  6  5  4  3  2  1
```

图 7-8　程序 7-05 的运行结果

程序 7-05 中 main()函数通过调用语句“inv(arr,10);”实现了数组元素的逆序存储。语句“*p=arr;”使指针指向数组 arr，然后通过“*p=i+1;”对指针所指向的元素赋值，同时 for 语句中“i++, p++;”使 i 值加 1，p 指向下一个元素，循环结束即实现了整个数组元素的赋值。

程序 7-05 中函数声明语句 void inv(int x[ ],int n) 的形式参数为数值名和数组元素个数，函数中分别定义两个指向数组首尾的指针，通过交换首尾指针指向元素的值对数组进行逆序。在 main()函数中调用时传递数组的实际参数，即语句 inv(arr,10)完成函数调用。程序最后实现了数组元素的逆序。函数的形式参数为数组名，实际参数为数组名，通过数组名将地址传递给形式参数数组，两者共同操作同一段空间，实现数组的逆序输出。

数组作为函数参数时，函数形式参数和实际参数可以分别为数组名和指针。数组名作函数参数时，由于数组名代表数组首地址，因此，在函数调用时，是把数组首地址传送给形式参数。这样，实际参数数组和形式参数数组共占同一段内存区域。从而在函数调用后，实际参数数组的元素值可能会发生变化。因此实际参数和形式参数之间传送的是数组的首地址，首地址可以用指针表示，也可以用数组名表示。

有如下 4 种等价形式（本质上是一种，即指针数据作函数参数）：

（1）形式参数、实际参数都用数组名。

（2）形式参数、实际参数都用指针变量。

（3）形式参数用指针变量、实际参数用数组名。

（4）形式参数用数组名、实际参数用指针变量。

试思考用数组元素作为函数参数，能否改变数组本身的值呢？答案是不能改变。因为数组元素是普通变量，修改普通变量本身的值并不能改变调用函数中变量的值，和 swap(int x, int y)不能交换实际参数两个数的值的原因一样。要用数组元素的地址作为函数参数，可以改变数组本身的值，原因和 swap(int *p,int *q)相同。

小练笔 7.2.2

小练笔

编写函数求数组所有元素的平均值，并完成主函数。

7.3　指针与结构体

结构体类型是一种复合类型，占用空间较多，结构体变量赋值操作包括了所有成员的赋值操作，操作量大。结构体指针能够仅仅通过交换两个变量的地址，来实现指向不同的结构体变量。

7.3.1 利用指针操作结构体

1. 指向结构体变量的指针

普通变量可以用指针操作，结构体变量应该也可以，但要怎么定义和使用呢？见程序 7-06。

```
/*************************************************
程序编号：7-06
程序名称：指针小练习
程序功能：使用指针操作结构体
程序输入：无
程序输出：不同方法使用指针访问结构体数据
*************************************************/
1  #include<stdio.h>
2  struct student
3   {int stu_ID;
4    char name[20];
5    char sex;
6    int age;
7    float score[3];
8    };
9   int main()
10  {
11   struct student stu1={1301,"wang xf",'F',18,
       {72,83.5,95}};
12   struct student *stup;  //定义结构体指针变量
13   stup=&stu1;        //结构体指针变量赋初值
14   printf("No.%d, Name:%s, Score:%f\n",
        stu1. stu_ID,stu1. name, stu1.score[1]);
15   printf("No.%d, Name:%s, Score:%f\n",
        stup->stu_ID,stup->name, stup->score[1]);
16   printf("No.%d, Name:%s, Score:%f\n",
        (*stup). stu_ID,p). name, (*stup).score[1]);
17  }
```

结构体变量定义的基本形式：

存储类型 数据类型 结构体变量名

结构体成员的三种输出形式

运行结果如图 7-9 所示。

```
No.1301, Name:wang xf, Score:83.50
No.1301, Name:wang xf, Score:83.50
No.1301, Name:wang xf, Score:83.50
```

图 7-9　程序 7-06 的运行结果

程序分析如下。

程序 7-06 用三种形式输出了结构体变量成员。语句“struct student *stup;”定义了 struct student 类型的结构体指针变量；语句“stup=&stu1;”实现了结构体指针变量赋初值；结构体变量、结构体指针（*结构体指针）实现了结构体成员的访问。

（1）指向结构体指针的定义方式。

指向结构体指针的定义方式如下。

```
结构体类型 *指针名
```

其中指针变量的基类型必须与结构体变量的类型相同。例如：

```
struct Student *pt, stu1;
struct person per1;
pt=&stu1;    //正确，两者类型相同
pt=&per1;    //错误！两者类型不同
```

（2）->和.操作符。

通过指针访问结构体成员用->操作符，通过变量访问结构体成员用.操作符，如通过变量 stu1 和指针 stup 访问结构体变量，stup=&stu1。下面三个是等价的：stu1.studentId、stup->studentId、(*stup).studentId。

小练笔 7.3.1

小练笔

编写程序比较三个学生的总成绩，然后从大到小输出学生的姓名、学号和成绩信息。

2．指针变量作结构体成员

结构体成员除了是普通变量之外，指针也能作为结构体成员，如程序 7-07 所示。

```
/**************************************************
程序编号：7-07
程序名称：指针变量作结构体成员
程序功能：将指针变量作为结构体中的成员
程序输入：无
程序输出：不同方法遍历结构体中的数据
**************************************************/
1  #include<stdio.h>
2  struct student
3  {int stu_ID;
4  char *name;
5  char sex;
6  int age;
7  float score[3];
8  };
9
10  int main()
11  {
12  char na[20]="wang xf";                                    //定义字符数组
13  struct student stu1={1301,na,'F',18, {72,83.5,95}};        //将字符数组名赋给结
                                                               //构体变量指针成员
```

结构体定义，其中name的类型为char *类型

```
14 struct student *stup;
15 stup=&stu1;
16 printf("No.%d, Name:%s, Score:%.2f\n", stu1. stu_ID,stu1. name, stu1.score[1]);
17 printf("No.%d, Name:%s, Score:%.2f\n", stup->stu_ID,stup->name,
     stup->score[1]);
18 printf("No.%d, Name:%s, Score:%.2f\n", (*stup). stu_ID,(*stup). name,
     (*stup).score[1]);
19 system("pause");
20 }
```

运行结果如图 7-10 所示。

```
No.1301, Name:wang xf, Score:83.50
No.1301, Name:wang xf, Score:83.50
No.1301, Name:wang xf, Score:83.50
```

图 7-10　程序 7-07 的运行结果

程序分析如下。

程序 7-07 的第 2～8 行定义了一个 struct student 结构体类型，其中成员 name 的类型和程序 7-06 有所不同，程序 7-06 中定义为“char name[20];”，程序 7-07 中定义为“char *name”，都是存储姓名信息。char *name 将数组的定义变成了指针。指针的定义只是开辟了地址空间，没有存储姓名的地方，因此需要另外申请字符数组存储姓名，然后将字符数组的名字赋给此指针。程序中“char na[20]="wang xf";”定义了一个字符数组用来存储姓名信息，然后结构体初始化语句“struct student stu1={1301,na,'F',18, {72,83.5,95}};”将字符数组名赋给字符指针 name 变量，完成初始化操作，stup->name 其实就是字符数组 name 的值。结构体成员指针变量与普通指针变量用法一致，但要注意一定要先申请变量再赋值。

3．结构体变量作函数参数

除了普通变量、数组变量、指针变量作为函数参数之外，结构体变量也能作为函数参数。程序 7-08 展示了如何结构体变量作为函数参数。

```
/*************************************************
程序编号：7-08
程序名称：结构体变量作函数参数
程序功能：修改结构体变量的数据
程序输入：需要修改的学生信息
程序输出：修改之后的学生结构体变量所存储的信息
*************************************************/
1 #include<stdio.h>
2 struct student
3 { int stuID;
4 char name[20];
5 char sex;
6 int age;
7 float score[3];
```

```
8  };
9  int main()
10  { struct student changeValue(struct student stu);
11  struct student stu1={2020,"Zhang San",'F',18, {72,83.5,95}},stu2;
                                        //结构体变量初始化
12  printf("调用函数之前stu1的值\n");
13  printf("\n stu1.No:%d, Name:%s, Score:%f\n", stu1.stuID,stu1.name,
      stu1.score[1]);
14  stu2=changeValue(stu1);             //结构体变量作为函数参数，函数调用并将结果返
                                        //回赋给stu2变量
15  printf("调用函数之前后stu1和stu2的值分别为\n");
16  printf("No:%d, Name:%s, Score:%f\n", stu1.stuID,stu1. name, stu1.score[1]);
                                        //输出结构体变量stu1
17  printf("No:%d, Name:%s, Score:%f\n", stu2.stuID,stu2. name, stu2.score[1]);
                                        //输出结构体变量stu2
18  }
19
20  struct student changeValue(struct student stu) //修改结构体变量stu的值
21  {int value;
22  printf("是否要修改学号？\n请选择1：是，2：否\n");
23  scanf("%d",&value);
24  if(value==1)
25  scanf("%d", &stu.stuID);
26  printf("是否要修改姓名？\n请选择1：是，2：否\n");
27  scanf("%d",&value);
28  if(value==1)
29    scanf("%s", stu.name);
30  return stu;
31  }
```

修改形式参数结构体：变量学号成员（第22～25行）

修改形式参数结构体：变量姓名成员（第26～29行）

运行结果如图 7-11 所示。

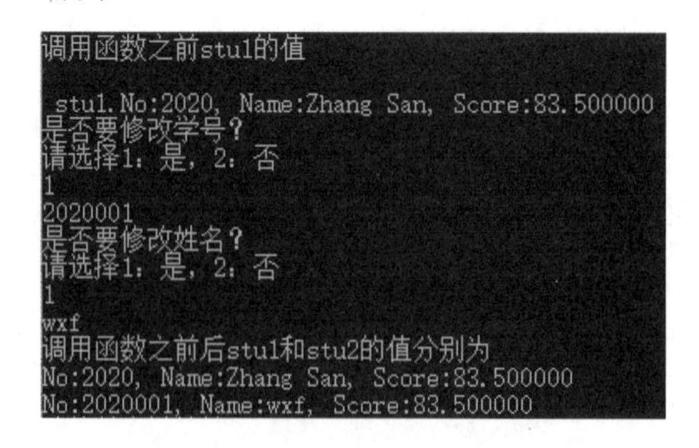

图 7-11　程序 7-08 的运行结果

程序分析如下。

程序 7-08 中函数 struct student changeValue(struct student stu)的参数为结构体 struct student 类型，返回值也为 struct student 结构体类型。语句“stu2=changeValue(stu1);”对函数进行调用，并将 stu1 作为函数参数，返回值赋给 stu2。函数的执行过程中，对形式参数 stu 成员的修改并没有影响 stu1 实际参数的值，这说明 stu 和 stu1 是两个不同的变量，函数将 stu 作为返回值传回调用函数赋给 stu2，stu2 保存了修改后的值。因此，结构体变量作为函数参数时，调用函数中形式参数也需要分配和实际参数同样大小的空间，然后将实际参数的成员值逐个复制给形式参数，整个过程需要的空间和传输工作量比较大。

4．结构体地址作函数参数

结构体变量作为函数参数时，形式参数和实际参数需要同样大小的空间，能否减少形式参数的空间，并减少数据传输工作量呢？参见程序 7-09。

```
/**********************************************
程序编号：7-09
程序名称：结构体地址作函数参数
程序功能：使用结构体指针修改结构体数据
程序输入：需要修改的学生信息
程序输出：使用结构体指针修改之后的学生信息
**********************************************/
1  #include<stdio.h>
2  struct student
3   {int stu_ID;
4    char name[20];
5   char sex;
6   int age;
7   float score[3];
8   };
9   int main()
10   { struct student * changeValue(struct student *stu); //函数参数和范围值都为结
                                                          //构体指针类型。
11   struct student stu1={1301,"Zhang San","F",18, {72,83.5,95}},*stup;
12   printf("调用函数之前stu1的值\n");
13   printf("\n stu1.No:%d, Name:%s, Score:%f\n", stu1.stuID,stu1.name,
      stu1.score[1]);
14   stup=changeValue(&stu1);    //结构体地址作为函数参数，函数调用并将结果返回赋
                                 //给结构体stup指针
15   printf("调用函数之前后stu1和stu2的值分别为\n");
16   printf("No:%d, Name:%s, Score:%f\n", stu1.stuID,stu1. name, stu1.score[1]);
                                 //输出函数实参stu1的成员
17   printf("No:%d, Name:%s, Score:%f\n", stup-> stu_ID,stup->. name,
      stup->.score[1]);          //输出返回值成员
18   }
19
20   struct student * changeValue(struct student *stu)
21   {int value;
```

```
22  printf("是否要修改学号？\n请选择1：是，2：否\n");
23  scanf("%d",&value);
24  if(value==1)
25     scanf("%d", stu->stu_ID);
26  printf("是否要修改姓名？\n请选择1：是，2：否\n");
27  scanf("%d",&value);
28  if(value==1)
29     scanf("%s", stu->name);
30  return stu;
31  }
```

修改形式参数指针指向的结构体变量学号成员

修改形式参数指针指向的结构体变量姓名成员

运行结果如图 7-12 所示。

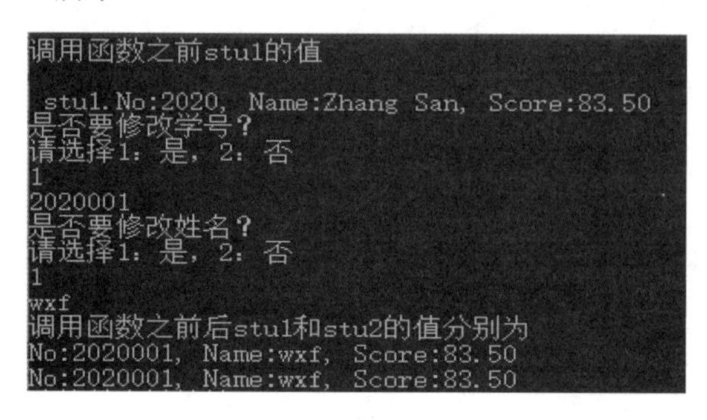

图 7-12　程序 7-09 的运行结果

程序分析如下。

程序 7-09 中函数 struct student * changeValue(struct student *stu)的参数为结构体指针类型，即 struct student*，返回值也为 struct student*结构体指针类型。主函数通过语句 struct student *stup 定义了结构体指针 stup，语句“stup=changeValue(&stu1);”对函数进行调用。因为函数形式参数为指针，因此将 stu1 的地址作为函数参数，返回值赋给 stup 指针。函数执行的过程中，形式参数 stu 存储的是实际参数 stu1 的地址，因此对形式参数 stu 指向结构体变量成员值的修改直接就修改了 main()函数中 stu1 实际参数的值，这说明 stu 和 stu1 指的是同一个变量，然后函数将 stu 作为返回值传回调用函数赋给 stup，stup 保存了 stu 的值，其实就是 stu1 的地址值。所以这个函数也可以不用返回值。由程序 7-09，可总结如下。

（1）结构体指针变量作函数参数，主调函数中的实际参数变量 stu1 的值通过调用函数可以直接修改，说明两个操作的是同一段内存单元。

（2）调用函数中形式参数只需要分配指针大小的空间，函数参数传递工作量小。

7.3.2　利用指针操作结构体数组

7.2.1 节讲解了利用指针可以操作普通数组元素，那如何用指针操作结构体数组呢？参见程序 7-10。

```
/************************************************
程序编号：7-10
程序名称：结构体数组指针
```

```
程序功能：有3个学生的信息放在结构体数组中，要求输出全部学生的信息
程序输入：无
程序输出：结构体数组元素成员
************************************************/
1  #include<stdio.h>
2  struct Student
3  {  int num; char name[20];
4     char sex; int age;
5  };
6  struct Student stu[3]={
7              {10101,"Li Lin",'M',18},
8              {10102,"Zhang Fun",'M',19},
9              {10104,"Wang Min",'F',20} };
10  int main()
11  { struct Student *p;
12     printf(" No. Name           sex  age\n");
13     for(p=stu;p<stu+3;p++)
14        printf("%5d %-20s %2c %4d\n", p->num, p->name,
            p->sex, p->age);
15     return 0;
16  }
```

定义结构体数组 stu

通过指针输出数组中的元素成员

运行结果如图 7-13 所示。

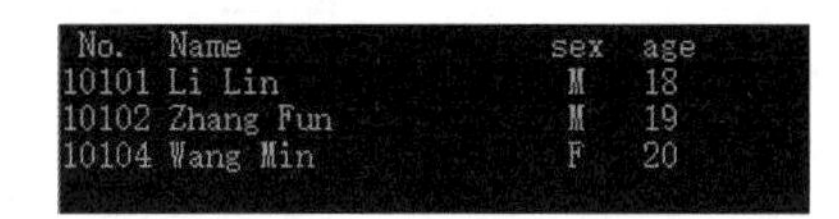

No.	Name	sex	age
10101	Li Lin	M	18
10102	Zhang Fun	M	19
10104	Wang Min	F	20

图 7-13　程序 7-10 的运行结果

程序分析如下。

程序 7-10 首先通过语句“struct Student *p;”定义结构体变量 p，然后定义结构体数组 stu[3]，语句“p=stu;”对变量 p 赋初值，然后通过指针输出结构体数组中元素的成员，通过 p++指向数组中后面的结构体元素，对其成员进行逐个输出。

小练笔

小练笔 7.3.2

利用指针对结构体数组排序，如对学生结构体数组按照学号进行从小到大排序。

7.3.3　指针与链表

面对一组结构体类型数据，需要使用结构体类型数组来存储。在不同场景数据元素数目不同的情况下，可以预先定义数组，但为了程序通用，就需要定义最长数目的数组，以适用于所有场景。例如，有两个班，一班有 100 名学生，二班有 40 名学生，定义结构体数组就需定义具有 100 个元素的数组。但用这个数组存储二班学生信息时会有 60 个数组元素没有存储值，造成空间浪费；而当一班新增一名学生时数组又存不下。

因此需要额外想办法解决这类问题，动态申请空间可以随时使用、随时申请，用完归还即可，既不造成空间浪费，又能方便地进行新增和删除学生的操作。

1．建立链表

把多个结构体变量用指针连起来，称为链表。链表是一种重要的数据结构，它可以动态地进行存储分配，仅需在需要时申请一个节点空间，用完释放空间即可，而不需要像数组一样提前申请空间。

链表必须利用指针变量保存申请的地址。建立动态链表是指在程序执行过程中从无到有地建立一个链表，即一个一个地开辟节点和输入各节点数据，并建立起前后相连的关系。链表需要在结构体定义中增加一个同类型的指针成员变量，如程序 7-11 所示。

```
/**********************************************
程序编号：7-11
程序名称：链表
程序功能：用指针申请空间构建具有3个元素的链表并输出
程序输入：无
程序输出：链表成员
**********************************************/
1  #include<stdio.h>
2  #include<stdlib.h>
3  #define LEN sizeof(struct Student)
4  struct Student
5  {  int studentId;
6     float score;
7     struct Student *next;
8  };
9
10  int main()
11  { struct Student *head,*p1,*p2,*p; //定义4个结构体指针
12
13    printf("请输入三名学生的学号和成绩信息：(eg:2019001 90) \n");
14    head=(struct Student*) malloc(sizeof(struct Student));
                                     //申请第1个节点空间，并用head保存地址函数原型为
                                     //void *malloc(unsigned int size);
15    scanf("%ld %f",&head->studentId,&head->score);    //输入节点值
16    p1=(struct Student*) malloc(sizeof(struct Student));    //申请第2个节点空间，
                                                             //并用p1保存地址
17    scanf("%ld %f",&p1->studentId,&p1->score);        //输入节点值
18
19    head->next=p1; //两个节点链接起来，第2个节点的地址存储在第1个节点的next成员中
20    p2=(struct Student*) malloc(sizeof(struct Student));    //申请第3个节点空间，
                                                             //并用p2保存地址
21    scanf("%ld %f",&p2->studentId,&p2->score);        //输入节点值
22
23    p1->next=p2;   //两个节点链接起来，第3个节点的地址存储在第2个节点的next成员
24    p2->next=NULL; //第3个节点next域置空，也就是第3个节点为链表的最后一个节点
```

链表节点的结构体定义

```
25
26   p=head;
27   while(p!=NULL)
28     {     printf("\nstudentId: %ld     score:%5.1f", p->studentId,p->score);
                     //输出p指向节点成员值
29      p=p->next ; //将p->next值赋给p，也就是p的值更新为其下一个节点的地址
30  }
31     free(head);  //释放head节点指向的空间
32  free(p1);       //释放p1节点指向的空间
33  free(p2);       //释放p2节点指向的空间
34  return 0;
35  }
```

运行结果如图 7-14 所示。

```
请输入三名学生学号和成绩信息：（eg:2019001 90)
2019001 89
2019002 98
2019003 96

studentId: 2019001      score: 89.0
studentId: 2019002      score: 98.0
studentId: 2019003      score: 96.0
--------------------------------
```

图 7-14　程序 7-11 的运行结果

程序分析如下。

程序 7-11 的第 4～8 行定义了一个结构体类型，该类型和前面结构体类型不同的是多了一个本类型结构指针，即“struct Student *next;”表明这个成员可以存储 struct Student 类型的变量地址，它是自身类型的指针，这个指针指向的是同类型的变量，这样就能构成一个同类型节点相连的一组节点，就像用链子连起来一样，因此形象地称为链表。

语句“struct Student *head,*p1,*p2,*p;”定义了 4 个结构体指针，结构体指针只能存储结构体变量的地址。此时可以像普通变量一样定义一个结构体变量，然后把地址存储到指针中，如“struct Student stu1,stu2,stu3;”“head=&stu1;”“p1=&stu2;p2=&stu3;”这样 3 个指针分别存储了 3 个变量的地址。通过 next 域建立 3 个节点之间的链接关系：“head->next=p1;”“p1->next=p2;”“p2->next=NULL;”，这样也就建立了一个链表。但这个链表的节点是局部变量，是通过编译器分配的，不用时不能随时归还，想要新节点时需要重新定义新变量。那怎么样能够实现节点的动态申请和释放呢？可以通过 malloc()和 free()函数实现。

语句“head=(struct Student*) malloc(sizeof(struct Student));”申请了一个节点空间并将地址赋给 head 指针。malloc()函数的基类型是 void 型。通过（struct Student*）强制类型转换将 malloc()函数返回的 void 指针转换为 struct Student*类型并赋给 head 指针，同理又申请了两个节点，地址分别赋给 p1 和 p2。

语句“head->next=p1;p1->next=p2;p2->next=NULL;”建立了节点的链接关系，构建了完整的链表。“p=head;”将头指针赋给 p，通过 p 就可以访问链表的节点信息，p->next 域

存储的是下一个节点的地址，因此语句“p=p->next;”是将下一个节点的地址赋给 p，即 p 移向下一个节点就可以输出下一个节点的信息，以此类推，就可以一直向后移动操作所有节点，最后一个节点没有后继，next 值为 NULL，循环条件不满足，则退出循环，完成链表节点的访问。

当节点不在使用时，语句“free(head);”可以释放节点空间，随时申请、随时释放，动态建立链表。

程序 7-11 中语句“head=(struct Student*) malloc(sizeof(struct Student));”申请了一个节点空间并将地址赋给 head 指针。malloc()函数的基类型是 void 型。通过（struct Student*）强制类型转换将 malloc()函数返回的 void 指针转换为 struct Student*类型并赋给 head 指针，同理又申请了两个节点，地址分别赋给 p1 和 p2（第 16 行和第 20 行）。

语句“head->next=p1;”使得 head->next 域存储的是下一个节点（p1 指向的节点）的地址，因此将 head 指向的节点和 p1 指向的节点建立了链接关系。同理，语句“p1->next=p2;”建立了 p1 指向的节点和 p2 指向的节点链接关系，最后一个节点 p2 没有后继，next 值为 NULL，即语句“p2->next=NULL”。

第 26～30 行的语句是通过循环，遍历输出链表节点信息。语句“p=head;”将头指针赋给 p，通过 p 就可以访问链表的节点信息。p->next 域存储的是下一个节点的地址，语句“p=p->next;”意思就是将下一个节点的地址赋给 p，也就 p 向下移一个节点，就可以输出下一个节点的信息，以此类推，就可以一直向后移动，操作所有节点，直至 p 值为 NULL，循环条件不满足，则退出循环，完成链表节点的访问。

当节点不再使用时，语句“free(head);”释放节点空间。达到了随时申请随时释放，动态建立链表的目的。

在程序 7-11 中用到了动态内存分配函数 malloc()，它是向内存中的堆区申请空间。C 语言的内存区域划分为全局数据区、栈区、堆区，如表 7-1 所示。堆区是内存动态分配区域，用来存放一些临时使用的数据，这些数据需要时随时开辟，不需要时即时释放。

表 7-1　内存分配类型的存储内容

内存类型	存储内容
全局数据区	全局变量、静态变量
栈区	非静态的局部变量
堆区	动态申请空间

对内存的动态分配是通过系统提供的库函数实现的，主要有 malloc、free、calloc、realloc 这 4 个函数，这 4 个函数的声明在 stdlib.h 头文件中，需要用“#include<stdlib.h>”指令把 stdlib.h 头文件包含到程序文件中。

malloc()函数的作用是在内存的动态存储区中分配一个长度为 size 的连续空间，函数返回指向分配区域首地址的指针。如果分配不成功（如没有足够空间），返回 NULL。

函数原型为“void *malloc(unsigned int size);”，如“malloc(100);”开辟 100 字节的临时分配域，函数返回值为第 1 字节的地址。

注意，指针的基类型为 void，即不指向任何类型的数据，只提供一个地址，使用时需要强制转换成需要的类型。如：

```
p2=( struct Student*) malloc(sizeof(struct Student));
p=(int *)malloc(100);
```

free()函数的作用是释放指针变量 p 所指向的动态空间，使这部分空间能重新被其他变量使用。p 应是最近一次调用 malloc()函数时得到的函数返回值。free()函数无返回值。

函数原型为“void free(void *p);”，如“free(p);”释放指针变量 p 所指向的已分配的动态空间。

小练笔

小练笔 7.3.3-1

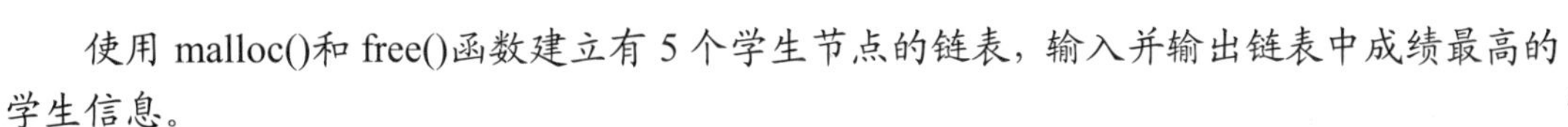
使用 malloc()和 free()函数建立有 5 个学生节点的链表，输入并输出链表中成绩最高的学生信息。

2. 使用链表

程序 7-11 每次用 malloc()申请一个节点，如何能够用 malloc()函数依次申请一组节点呢？程序 7-12 给出答案。

```
/*****************************************************************
程序编号：7-12
程序名称：链表操作动态数组
程序功能：建立动态数组，输入5名学生的成绩，另外用一个函数检查其中有无成绩低于60分的，
输出不合格的成绩
程序输入：无
程序输出：不合格的成绩
*****************************************************************/
1  #include<stdio.h>
2  #include<stdlib.h>
3  int main()
4  { void check(int *); //函数声明，函数参数为整形指针
5     int *p1,i;
6     p1=(int *)malloc(5*sizeof(int));    //一次申请5个整形变量空间，然后将变量首
                                          //地址赋给p1
7     printf("请输入学生成绩：(eg: 67) \n");
8     for(i=0;i<5;i++)
9       scanf("%d",p1+i);
10     check(p1);     //函数调用，实际参数指针传递形式参数指针变量
11     free(p1);      //使用后释放p1所指向的空间
12     return 0;
13  }
14  void check(int *p)
15  { int i;
16     printf("They are fail:");
```

通过i变量的递增，依次访问后面的节点

```
17    for(i=0;i<5;i++)
18      if (p[i]<60)
19        printf("%d ",p[i]);
20    printf("\n");
21  }
```

通过数组形式输出小于 60 分的数组元素

运行结果如图 7-15 所示。

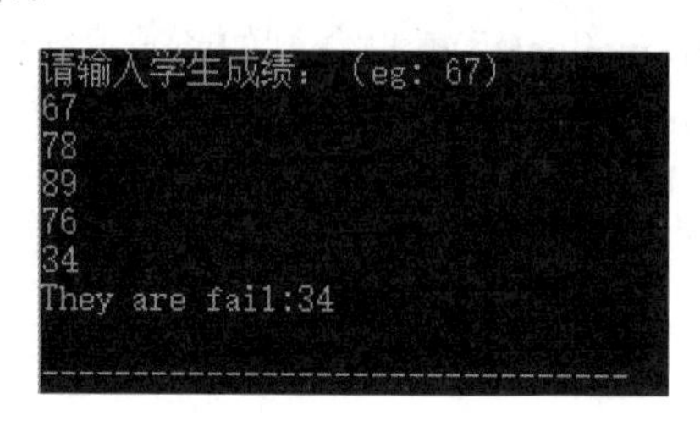

图 7-15　程序 7-12 的运行结果

程序分析如下。

程序 7-12 用 malloc()函数开辟一个存储 5 名学生成绩的动态区域，并返回指向首地址的指针，它的基类型是 void 型。通过（int *）强制类型转换将 malloc()函数返回的 void 指针转换为整型指针，然后赋给 p1，程序通过循环依次输入数值，“check(p1);”中 p1 作为实际参数传给形式参数 p，因为传递的是指针，因此 check(int *p)函数中对 p 的访问就等同于对 main()函数中 p1 的访问，实现了小于 60 分成绩的输出。本例给出的是普通变量一次申请多个的例子，结构体变量的用法是一样的。

注意： malloc()函数只分配内存，不进行初始化，所以得到的新内存中，值是随机的。使用之前需要进行初始化赋值，一般和 free()函数配对使用。free()函数释放某个动态分配的地址，表明不再使用这块动态分配的内存了，将其返还给系统。

小练笔 7.3.3-2

小练笔

建立一个包含 3 个元素的静态结构体链表，不用 malloc()函数申请空间。

3. 链表重新分配空间

程序 7-12 中通过语句“p1=(int *)malloc(5*sizeof(int));”一次申请 5 个整型变量的空间，如果突然多了一个变量，变成了 6 个，该如何操作呢？能否扩展这段空间呢？扩展后原来的值还是否存在呢？程序 7-13 给出解答。

```
/*****************************************************************
程序编号：7-13
程序名称：链表重新分配空间
程序功能：先定义一个链表，为链表申请空间并输入数字，再在链表中加入新的元素，在申请空间大小不合适的情况下，可以使用realloc()函数在原空间基础上进行扩充调整
程序输入：一组定义好的链表、要添加的元素数目及数值
程序输出：新的链表
*****************************************************************/
```

```
1  #include<stdio.h>
2  #include<stdlib.h>
3   int main()
4  {  int i, n,m, *a;
5     void input(int ,int *);
6     void output(int,int *);
7     printf("要输入的元素个数：");
8     scanf("%d",&n);
9     a = (int*)calloc(n, sizeof(int));      //通过函数calloc()申请n个整型变量空
                                             //间，并赋给a
10    printf("输入 %d 个数字：\n",n);
11    input(n,a); //函数调用，输入n个值，a为数组的起始地址
12
13    printf("输入的数字为：\n");
14    output(n,a); //函数调用，输出n个值，a为数组的起始地址，也就是数组名
15    printf("\n还需要添加几个元素？");
16    scanf("%d",&m);
17    a = (int*)realloc(a, n+m);             //通过函数realloc()扩展a所指向的
                                             //数组空间，扩展为n+m个
18    printf("\n请输入新添加的元素\n");
19    input(m,a+n); //输出新添加的元素，从a+n的位置开始输入
20
21    printf("数组元素为：\n");
22    output(m+n,a);                         //输出a所指向的空间中m+n个元素
24    free(a);                               //释放a作为起始地址所指向的空间
25    return(0);
26  }
27
28 void input(int n,int *a)                  //输入a所指向的n个元素
29 {
30    int i;
31    for(i=0 ; i < n ; i++ )
32        scanf("%d",a+i);                   //输入函数需要地址，a+i就是地址
33 }
34
35 void output(int n,int *a)                 //输出a所指向的n个元素
36 {int i;
37  for(i=0 ; i < n ; i++ )
38     printf("%d  ",*(a+i));                //输出函数需要变量，*(a+i)就是地址所指
                                             //向的变量
39 }
```

运行结果如图 7-16 所示。

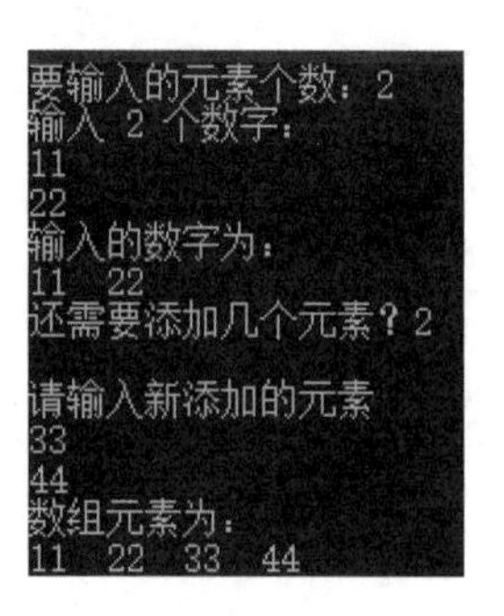

图 7-16　程序 7-13 的运行结果

程序分析如下。

程序 7-13 首先通过语句“a = (int*)calloc(n, sizeof(int));”申请 n 个整型变量空间，此句改为“a=(int*)malloc(n*sizeof(int));”也可以，calloc()和 malloc()的功能一致，唯一不同的就是 calloc()申请空间完毕时会把申请的空间置零，而 malloc()申请的空间没有初始化，是随机值。程序中申请的 n 个空间不够用，需要将空间扩展至 n+m 个，使用了语句“a = (int*)realloc(a, n+m);”，此句在原来空间的基础上延伸出 m 个整型空间，并且保留原来空间的值，只需要给新增加的空间赋值即可。方便了动态数组的操作，实现了申请空间动态扩容。下面介绍本程序用到的几个开辟动态存储空间的函数。

1）calloc()函数

calloc()函数的作用是为一维数组开辟动态存储空间，即动态数组。n 为数组元素个数，每个元素长度为 size。函数返回指向分配域起始地址的指针；如果分配不成功，返回 NULL。

函数原型为“void *calloc(unsigned n,unsigned size);”，如“void *p;p=calloc(50,4);”为开辟 50×4 字节的临时分配域，把起始地址赋给指针变量 p。也可以使用语句“p=malloc(50*4);”。

2）realloc()函数

realloc()函数用于改变通过 malloc()函数或 calloc()函数获得的动态空间的大小。用 realloc()函数将 p 所指向的动态空间的大小改变为 size，p 的值不变；如果重分配不成功，返回 NULL。

函数原型为“void *realloc(void *p,unsigned int size);”，如“realloc(p,50);”将 p 所指向的已分配的动态空间改为 50 字节。

3）空间操作函数

对内存的动态分配是通过系统提供的库函数实现的，主要有 malloc()、calloc()、free()、realloc()这 4 个函数，如表 7-2 所示。这 4 个函数的声明在 stdlib.h 头文件中，需要用“#include <stdlib.h>”指令把 stdlib.h 头文件包含到程序文件中。

表 7-2　函数名及函数作用

函　数　名	函数作用
void *malloc(unsigned int size);	在内存的动态存储区中分配一个长度为 size 的连续空间，函数返回指向分配区域首地址的指针；如果分配不成功（如没有足够空间），返回 NULL

续表

函　数　名	函数作用
void free(void *p);	释放指针变量 p 所指向的动态空间，使这部分空间能重新被其他变量使用
void *calloc(unsigned n,unsigned size);	为一维数组开辟动态存储空间，即动态数组。n 为数组元素个数，每个元素长度为 size。函数返回指向分配域起始地址的指针；如果分配不成功，返回 NULL
void *realloc(void *p,unsigned int size);	用于改变通过 malloc()函数或 calloc()函数获得的动态空间的大小。用 realloc()函数将 p 所指向的动态空间的大小改变为 size，p 的值不变；如果重分配不成功，返回 NULL

malloc()、calloc()和 realloc()函数为空间分配函数，都和 free()函数搭配使用。但有如下一些区别。

（1）malloc()函数只分配内存，不进行初始化，所以得到的新内存中，值是随机的。使用之前需要进行初始化赋值。

（2）calloc()和 malloc()函数功能一致，唯一不同的是 calloc()函数申请空间完毕，会把申请的空间置零。

（3）realloc()函数用于改变通过 malloc()函数或 calloc()函数获得的动态空间的大小。用 realloc()函数将 p 所指向的动态空间的大小改变为 size，p 的值不变；如果重分配不成功，则返回 NULL。

4）申请空间函数

用申请空间函数申请的空间没有名字，必须使用指针存储地址，因此链表操作必须使用指针完成。

小练笔

小练笔 7.3.3-3

将存有 4 名学生信息的空间动态调整为 5 个，并对学生信息按照成绩排序并输出。

习　　题

注：本章习题均要求用指针方法实现。

1. 编写求字符串长度的函数 strlen()，再用 strlen()函数编写一个函数 revers(s)的倒序递归程序，使字符串 s 倒序。

2. 编写学生结构体，可以完成学生姓名、学号、性别、语文成绩、数学成绩和英语成绩的增加、删除与修改。

3. 编写 strcpy()函数实现字符串复制功能，并使用主程序验证所编写程序的正确性。假设 strcpy()函数的两个参数分别是字符数组 s 和 t，则将数组 t 的内容复制到 s 中。

4. 编写函数求由 n 个 a 构成的整数之和，即输入两个正整数 a 和 n，计算 a+aa+aaa+…+aaa…aa（n 个 a）之和。要求定义并调用函数 fn(a,n)，它的功能是返回 aa…a(n 个 a)。例如，fn(3,2)的返回值为 33。

5. 编写函数 itos(i,s)，将一个整数 i 转换为字符串存放到字符数组 s 中。要求在主函数中输入一个整数，调用函数 itos()实现整数到字符串的转换后，输出转换结果。

6. 编写函数实现下述功能：输入一个字符串，再输入一个字符 ch，将字符串中所有的 ch 字符删除后输出该字符串。要求定义和调用函数 delchar(s,c)，该函数将字符串 s 中出现的所有 c 字符删除。

7. 编写函数完成下述功能：输入两个字符串 s 和 t，在字符串 s 中查找子串 t，输出起始位置，若不存在，则输出 –1。要求自定义函数 char * search(char * s, char * t)返回子串 t 的首地址，若未找到，则返回 NULL。

附录A ASCII 代码对应表（十进制）

ASCII 码值	控制字符	ASCII 码值	控制字符	ASCII 码值	控制字符	ASCII 码值	控制字符
0	NUT	32	(space)	64	@	96	`
1	SOH	33	!	65	A	97	a
2	STX	34	"	66	B	98	b
3	ETX	35	#	67	C	99	c
4	EOT	36	$	68	D	100	d
5	ENQ	37	%	69	E	101	e
6	ACK	38	&	70	F	102	f
7	BEL	39	,	71	G	103	g
8	BS	40	(	72	H	104	h
9	HT	41	)	73	I	105	i
10	LF	42	*	74	J	106	j
11	VT	43	+	75	K	107	k
12	FF	44	,	76	L	108	l
13	CR	45	-	77	M	109	m
14	SO	46	.	78	N	110	n
15	SI	47	/	79	O	111	o
16	DLE	48	0	80	P	112	p
17	DCI	49	1	81	Q	113	q
18	DC2	50	2	82	R	114	r
19	DC3	51	3	83	S	115	s
20	DC4	52	4	84	T	116	t
21	NAK	53	5	85	U	117	u
22	SYN	54	6	86	V	118	v
23	TB	55	7	87	W	119	w
24	CAN	56	8	88	X	120	x
25	EM	57	9	89	Y	121	y
26	SUB	58	:	90	Z	122	z
27	ESC	59	;	91	[	123	{
28	FS	60	<	92	/	124	|
29	GS	61	=	93	]	125	}
30	RS	62	>	94	^	126	`
31	US	63	?	95	_	127	DEL

附录B 运算符与结合性

<table>
<tr><th>优先级</th><th>运算符</th><th>名称或含义</th><th>使用形式</th><th>结合方向</th><th>说明</th></tr>
<tr><td rowspan="4">1</td><td>[]</td><td>数组下标</td><td>数组名[常量表达式]</td><td rowspan="4">左到右</td><td></td></tr>
<tr><td>()</td><td>圆括号</td><td>(表达式)/函数名(形参表)</td><td></td></tr>
<tr><td>.</td><td>成员选择（对象）</td><td>对象.成员名</td><td></td></tr>
<tr><td>-></td><td>成员选择（指针）</td><td>对象指针->成员名</td><td></td></tr>
<tr><td rowspan="9">2</td><td>-</td><td>负号运算符</td><td>-表达式</td><td rowspan="9">右到左</td><td>单目运算符</td></tr>
<tr><td>(类型)</td><td>强制类型转换</td><td>(数据类型)表达式</td><td></td></tr>
<tr><td>++</td><td>自增运算符</td><td>++变量名/变量名++</td><td>单目运算符</td></tr>
<tr><td>--</td><td>自减运算符</td><td>--变量名/变量名--</td><td>单目运算符</td></tr>
<tr><td>*</td><td>取值运算符</td><td>*指针变量</td><td>单目运算符</td></tr>
<tr><td>&</td><td>取地址运算符</td><td>&变量名</td><td>单目运算符</td></tr>
<tr><td>!</td><td>逻辑非运算符</td><td>!表达式</td><td>单目运算符</td></tr>
<tr><td>~</td><td>按位取反运算符</td><td>~表达式</td><td>单目运算符</td></tr>
<tr><td>sizeof</td><td>长度运算符</td><td>sizeof(表达式)</td><td></td></tr>
<tr><td rowspan="3">3</td><td>/</td><td>除</td><td>表达式/表达式</td><td rowspan="3">左到右</td><td>双目运算符</td></tr>
<tr><td>*</td><td>乘</td><td>表达式*表达式</td><td>双目运算符</td></tr>
<tr><td>%</td><td>余数（取模）</td><td>整型表达式/整型表达式</td><td>双目运算符</td></tr>
<tr><td rowspan="2">4</td><td>+</td><td>加</td><td>表达式+表达式</td><td rowspan="2">左到右</td><td>双目运算符</td></tr>
<tr><td>–</td><td>减</td><td>表达式–表达式</td><td>双目运算符</td></tr>
<tr><td rowspan="2">5</td><td><<</td><td>左移</td><td>变量<<表达式</td><td rowspan="2">左到右</td><td>双目运算符</td></tr>
<tr><td>>></td><td>右移</td><td>变量>>表达式</td><td>双目运算符</td></tr>
<tr><td rowspan="4">6</td><td>></td><td>大于</td><td>表达式>表达式</td><td rowspan="4">左到右</td><td>双目运算符</td></tr>
<tr><td>>=</td><td>大于等于</td><td>表达式>=表达式</td><td>双目运算符</td></tr>
<tr><td><</td><td>小于</td><td>表达式<表达式</td><td>双目运算符</td></tr>
<tr><td><=</td><td>小于等于</td><td>表达式<=表达式</td><td>双目运算符</td></tr>
<tr><td rowspan="2">7</td><td>==</td><td>等于</td><td>表达式==表达式</td><td rowspan="2">左到右</td><td>双目运算符</td></tr>
<tr><td>!=</td><td>不等于</td><td>表达式!=表达式</td><td>双目运算符</td></tr>
<tr><td>8</td><td>&</td><td>按位与</td><td>表达式&表达式</td><td>左到右</td><td>双目运算符</td></tr>
<tr><td>9</td><td>^</td><td>按位异或</td><td>表达式^表达式</td><td>左到右</td><td>双目运算符</td></tr>
<tr><td>10</td><td>|</td><td>按位或</td><td>表达式|表达式</td><td>左到右</td><td>双目运算符</td></tr>
<tr><td>11</td><td>&&</td><td>逻辑与</td><td>表达式&&表达式</td><td>左到右</td><td>双目运算符</td></tr>
<tr><td>12</td><td>||</td><td>逻辑或</td><td>表达式||表达式</td><td>左到右</td><td>双目运算符</td></tr>
<tr><td>13</td><td>?:</td><td>条件运算符</td><td>表达式 1?表达式 2:表达式 3</td><td>右到左</td><td>三目运算符</td></tr>
</table>

续表

优先级	运算符	名称或含义	使用形式	结合方向	说明
14	=	赋值运算符	变量=表达式	右到左	
	/=	除后赋值	变量/=表达式		
	*=	乘后赋值	变量*=表达式		
	%=	取模后赋值	变量%=表达式		
	+=	加后赋值	变量+=表达式		
	-=	减后赋值	变量-=表达式		
	<<=	左移后赋值	变量<<=表达式		
	>>=	右移后赋值	变量>>=表达式		
	&=	按位与后赋值	变量&=表达式		
	^=	按位异或后赋值	变量^=表达式		
	|=	按位或后赋值	变量|=表达式		
15	,	逗号运算符	表达式,表达式,…	左到右	从左向右顺序运算

附录 C 常见库函数

1．测试函数

函数名	函数原型	函数功能	头文件
isalnum	int isalnum (int c)	测试参数 c 是否为字母或数字：是则返回非零；否则返回零	ctype.h
isapha	int isapha (int c)	测试参数 c 是否为字母：是则返回非零；否则返回零	ctype.h
isascii	int isascii (int c)	测试参数 c 是否为 ASCII 码（0x00～0x7F）：是则返回非零；否则返回零	ctype.h
iscntrl	int iscntrl (int c)	测试参数 c 是否为控制字符（0x00～0x1F、0x7F）：是则返回非零；否则返回零	ctype.h
isdigit	int isdigit (int c)	测试参数 c 是否为数字：是则返回非零；否则返回零	ctype.h
isgraph	int isgraph (int c)	测试参数 c 是否为可打印字符（0x21～0x7E）：是则返回非零；否则返回零	ctype.h
islower	int islower (int c)	测试参数 c 是否为小写字母：是则返回非零；否则返回零	ctype.h
isprint	int isprint (int c)	测试参数 c 是否为可打印字符（含空格符 0x20～0x7E）：是则返回非零；否则返回零	ctype.h
ispunct	int ispunct (int c)	测试参数 c 是否为标点符号：是则返回非零；否则返回零	ctype.h
isupper	int isupper (inr c)	测试参数 c 是否为大写字母：是则返回非零；否则返回零	ctype.h
isxdigit	int isxdigit (int c)	测试参数 c 是否为十六进制数：是则返回非零；否则返回零	ctype.h

2．数学函数

函数名	函数原型	函数功能	头文件
abs	int abs (int i)	返回整数型参数 i 的绝对值	math.h
acos	double acos (double x)	返回双精度参数 x 的反余弦三角函数值	math.h
asin	double asin (double x)	返回双精度参数 x 的反正弦三角函数值	math.h
atan	double atan (double x)	返回双精度参数的反正切三角函数值	math.h
atan2	double atan2 (double y,double x)	返回双精度参数 y 和 x 由式 y/x 所计算的反正切三角函数值	math.h

续表

函数名	函数原型	函数功能	头文件
cabs	double cabs (struct complex znum)	返回一个双精度数，为计算出复数 znum 的绝对值	math.h
ceil	double ceil (double x)	返回不小于参数 x 的最小整数	math.h
cos	double cos (double x)	返回参数 x 的余弦函数值	math.h
cosh	double cosh (double x)	返回参数的双曲线余弦函数值	math.h
exp	double exp (double x)	返回参数 x 的指数函数值	math.h
fabs	double fabs (double x)	返回参数 x 的绝对值	math.h
floor	double floor (double x)	返回不大于参数 x 的最大整数	math.h
fmod	double fmod (double x,double y)	计算 x/y 的余数，返回值为所求的余数值	math.h
frexp	double frexp (double value,int*eptr)	把双精度函数 value()分解成尾数和指数。函数返回尾数值，指数值存放在 eptr 所指的单元中	math.h
hypot	double hypot (double x,double y)	返回由参数 x 和 y 所计算的直角三角形的斜边长	math.h
labs	long labs (long n)	返回长整数型参数 n 的绝对值	stdlib.h
ldexp	double ldexp (double value,int exp)	返回 value*2exp 的值	math.h
log	double log (double x)	返回参数 x 的自然对数（ln x）的值	math.h
log10	double log10 (double x)	返回参数 x 以 10 为底的自然对数（lg x）的值	math.h
pow	double pow (double x,double y)	返回计算 xy 的值	math.h
pow10	double pow10 (int p)	返回计算 10p 的值	math.h
sin	double sin (double x)	返回参数 x 的正弦函数值	math.h
sinh	double sinh (double x)	返回参数 x 的双曲正弦函数值	math.h
sqrt	double sqrt (double x)	返回参数 x 的平方根值	math.h
srand	void srand (unsigned seed)	初始化随机函数发生器	stdlib.h
tan	dounle tan (double x)	返回参数 x 的正切函数值	math.h
tanh	double tan (double x)	返回参数 x 的双曲正切函数值	math.h

3．转换函数

函数名	函数原型	函数功能	头文件
atof	double atof (char*nptr)	返回一双精度型数，由其 nptr 所指字符串转换而成	stdlib.h
atoi	int atoi (const char*str)	把参数 str 所指向的字符串转换为一个整数（类型为 in 型）	stdlib.h
atol	long atol (char*nptr)	返回一长整型数，其由 nptr 所指字符串转换而成	stdlib.h
itoa	char*itoa (int value,char*string,int radix)	把一个整形数 value 转换为字符串，返回结果为需要转换数字的字符串，使用 string 变量接收，参数 radix 为转换数字的基数	stdlib.h
strtod	double strtod (char*str,char**endptr)	把字符串 str 转化为双精度数。endptr 不为空，则其为指向终止扫描的字符的指针。函数返回值为双精度数	string.h
strtol	long strtol (char*str,char*endptr,int base)	把字符串 xtr 转换为长整形数。endptr 不为空，则其为指向终止扫描的字符指针。函数返回值为长整形数。参数 base 为要转换整数的基数	string.h
ultoa	char*ultoa (unsigned long value,char*string,int radix)	转换一个无符号长整型数 value 为字符串。即 value 转换为以'\o'结尾的字符串，结果保存在 string 中 1，radix 为转换中数的基数，返回值为指向串 string 的指针	stdlib.h

4．串和内存操作函数

函数名	函数原型	函数功能	头文件
memccpy	void*memccpy (void*destin,void*soure,unsigned char ch, unsignde n)	从源 source 中复制 n 字节到目标 destin 中。复制直至第一次遇到 ch 中的字符为止（ch 被复制）。函数返回值为指向 destin 中紧跟 ch 后面字符的地址或为 NULL	mem.h
memchr	void*memchr (void*s,char ch,unsigned n)	在数组 x 的前 n 字节中搜索字符 ch。返回值为指向 s 中首次出现 ch 的指针位置。如果 ch 没有在 s 数组中出现，返回 NULL	mem.h
memcmp	void*memcmp (void*s1,void*s2,unsigned n)	比较两个字符串 s1 和 s2 的前 n 个字符，把字节看成无符号字符型。如果 s1<s2，返回负值；如果 s1=s2，返回零；否则 s1>s2，返回正值	mem.h
memcpy	void*memcpy (void*destin,void*source,unsigned n)	从源 source 中复制 n 字节到目标 destin 中	mem.h
memicmp	int*memicmp (void*s1,void*s2,unsigned n)	比较两个串 s1 和 s2 的前 n 字节，大小写字母同等看待。如果 s1<s2，返回负值；如果 s1=s2，返回零；如果 s1>s2，返回正值	mem.h
memmove	void*memmove (void*destin,void*source,unsigned n)	从源 source 中复制 n 字节到目标 destin 中。返回一个指向 destin 的指针	mem.h
memset	void*memset (void*s,char ch,unsigned n)	设置 s 中的前 n 字节为 ch 中的值（字符）。返回一个指向 s 的指针	mem.h

续表

函数名	函数原型	函数功能	头文件
setmem	void setmem (void*addr,int len,char value)	将 len 字节的 value 值保存到存储区 addr 中	mem.h
strcat	char*strcat (char*destin,const char*source)	把串 source 复制连接到串 destin 后面(串合并)。返回值为指向 destin 的指针	string.h
strchr	char*strchr (char*str,char c)	查找串 str 中某给定字符（c 中的值）第一次出现的位置：返回值为 NULL 时表示没有找到	string.h
strcmp	int strcmp (char*str1,char*str2)	把串 str1 与另一个串 str2 进行比较。当两字符串相等时，函数返回 0；str1< str2 返回负值；str1>str2 返回正值	string.h
strcpy	int*strcpy (char*str1,char*str2)	把 str2 串复制到 str1 串变量中。函数返回指向 str1 的指针	string.h
strcspn	int strcspn (char*str1,*str2)	查找 str1 串中第一个出现在串 str2 中的字符的位置。函数返回该指针位置	string.h
strdup	char*strdup (char*str)	分配存储空间,并将串 str 复制到该空间。返回值为指向该复制串的指针	string.h
stricmp	int stricmp (chat*str1,char*str2)	将串 str1 与另一个串 str2 进行比较，不分字母大小写。返回值同 strcmp	string.h
strlen	unsigned strlen (char*str)	计算 str 串的长度。函数返回串长度值	string.h
strlwr	char*strlwr (char*str)	转换 str 串中的大写字母为小写字母	string.h
strncat	char*strncat (char*destin,char*source,int maxlen)	把串 source 中的最多 maxlen 字节加到串 destin 之后（合并）。函数返回指向已连接的串 destin 的指针	string.h
strncmp	int strncmp (char*str1,char*str2,int maxlen)	把串 str1 与串 str2 的头 maxlen 字节进行比较。返回值同 strcmp 函数	string.h
strnset	char*strnset (char*str,char ch,unsigned n)	将串 str 中的前 n 字节设置为一给定字符	string.h
strpbrk	char*strpbrk (char*str1,char*str2)	查找给定字符串 str1 中的字符在字符串 str2 中第一次出现的位置，返回位置指针。若未查到，则返回 NULL	string.h
strrchr	char*strrchr (char*str,char c)	查找给定字符（c 的值）在串 str 中最后一次出现的位置。返回指向该位置的指针，若未查到，则返回 NULL	string.h
strrev	char*strrev (char*str)	颠倒串 str 的顺序。函数返回颠倒顺序的串的指针	string.h
strset	char*strset (char*str,char c)	把串中所有字节设置为给定字符（c 的值）。函数返回串的指针	string.h
strspn	int strspn (char*str1,char*str2)	在串 str1 中找出第一次出现 str2 的位置。函数返回 str2 在 str1 中的位置数	string.h
strstr	char*strstr (char*str1,char*str2)	查找串 str2 在串 str1 中首次出现的位置。返回指向该位置的指针。找不到匹配则返回空指针	string.h
strtok	char*strtok (char*str1,char*str2)	把串 str1 中的单词用 str2 所给出的一个或多个字符所组成的分隔符分开	string.h
strupr	char*strupr (char*str)	把串 str 中所有小写字母转换为大写。返回转换后的串指针	string.h

5．输入/输出函数

函数名	函数原型	函数功能	头文件
access	int access (char*filename,int mode)	确定 filename 所指定的文件是否存在及文件的存取权限。如果 filename 指向一目录，则返回该目录是否存在。mode 权限值(00，0204，06)；如果所要确定的存取权限是允许的，返回 0；否则返回 –1，并将全局变量 errno 置为 ENOENT 路径名或文件名没有找到；ACCESS 权限不对	io.h
cgets	char*cgets (char*string)	从控制台读字符串给 string，返回串指针	conio.h
chmod	int chmod (char*filename,int permiss)	改变文件的存取方式、读写权限。filenane 为文件名，permiss 为文件权限值；函数返回值为 –1 时，表示出错	io.h
clearer	void clearer (FILE*stream)	复位 stream 所指流式文件的错误标志	stdio.h
close	int close (int handle)	关闭文件。handle 为已打开的文件号；返回值为 –1 时表示出错	io.h
puts	void puts (char*string)	写一字符串到屏幕。string 为要输出的串	io.h
dup	int dup (int handle)	复制文件句柄（文件号)。handle 为已打开的文件号	io.h
eof	int eof (int*handle)	检测文件结束。handle 为已打开的文件号。返回值为 1 时，表示文件结束；否则为 0；–1 表示出错	io.h
fclose	int fclose (FILE*stream)	关闭一个流。stream 为流指针。返回 EOF 时，表示出错	stdio.h
fcloseall	int fcloseall (void)	关闭所有打开的流。返回 EOF 时，表示出错	stdio.h
feof	int feof (FILE*stream)	检测流上文件的结束标志。返回非 0 值时，表示文件结束	stdio.h
ferror	int ferror (FILE*stream)	检测流上的错误。返回 0 时，表示无错	stdio.h
fflush	int fflush (FILE*stream)	清除一个流。返回 0 时，表示成功	stdio.h
fgetc	int fgetc (FILE*stream)	从流中读一个字符。返回 EOF 时，表示出错或文件结束	stdio.h
fgetchar	int fgetchar (void)	从 stdin 中读取字符。返回 EOF 时，表示出错或文件结束	stdio.h
fgets	char*fgets (char*string,int n,FILE*stream)	从流中读取一字符串。string 为存串变量；n 为读取字节个数；stream 为流指针，返回 EOF 时，表示出错或文件结束	stdio.h
filelength	long filelength (int handle)	取文件的度。handle 为已打开的文件号；返回 –1 时，表示出错	io.h

续表

函数名	函数原型	函数功能	头文件
fopen	FILE*fopen (char*filename,char*type)	打开一个流。filename 为文件名；type 为允许访问方式。返回指向打开文件夹的指针	stdio.h
fprintf	int fprintf (FILE*stream,char* format[,argument,…])	传送格式化输出到一个流。strem 为流指针；format 为格式串；argument 为输出参数	stdio.h
fputc	int fpuct (int ch,FILE*stream)	送一个字符到一个流中，ch 为被写字符。stream 为流指针；返回被写字符。返回 EOF 时，表示可能出错	stdio.h
fputchar	int fputchar (char ch)	送一个字符到标准的输出流(stdout)中，ch 为被写字符。返回被写字符。返回 EOF 时，表示可能出错	stdio.h
fputs	int fputs (char*string,FILE*stream)	送一个字符串到流中，string 为被写字符串。stream 为流指针；返回值为 0 时，表示成功	stdio.h
fread	int fread (void*ptr,int size,int nitems,FILE*stream)	从一个流中读数据，ptr 为数据存储缓冲区，size 为数据项大小（单位是字节），nitems 为读入数据项的个数；stream 为流指针；返回实际读入的数据项个数	stdio.h
freopen	FILE*freopen (char*filename,char*type,FILE*stream)	关闭当前所指流式文件，使指针指向新的流。filename 为新文件名。type 为访问方式；stream 为流指针；返回新打开的文件指针	stdio.h
fscanf	int fscanf (FILE*stream,char*format[,argument,…])	从一个流中执行格式化输入。stream 为流指针，format 为格式串，argument 为输入参数	stdio.h
fseek	int fseek (FILE*stream,long offset,int fromwhere)	重新定位流上读/写指针。stream 为流指针，offset 为偏移量（字节数），fromwhere 为起始位置。返回 0 时，表示成功	stdio.h
fstat	int fstat (char*handle,struct stat*buff)	获取打开文件的信息。handle 为已打开的文件号，buff 为指向 stat 结构的指针，用于存放文件的有关信息。返回 –1 时，表示出错	sys.h
ftell	long ftell (FILE*stream)	返回当前文件操作指针。返回流式文件当前位置	stdio.h
fwrite	int fwrite (void*ptr,int size,int nitems,FILE*stream)	写内容到流中。ptr 为被写出的数据存储缓冲区，size 为数据项大小(单位是字节)，nitems 为写出的数据项个数，stream 为流指针。返回值为实数写出的完整数据项个数	stdio.h
getc	int getc (FILE*stream)	从流中取字符。stream 为流指针；返回所读入的字符	stdio.h
getch	int getch (void)	从控制台无回显地读取一个字符。返回所读入的字符	conio.h

续表

函数名	函数原型	函数功能	头文件
getchar	int getchar (void)	从标准输入流（stdin）中取一字符。返回所读入的字符	conio.h
getpass	char*getpass (char*prompt)	读一个口令。prompt 为提示字符串。函数无回显地返回指令向输入口令（超过 8 个字符的串）的指针	conio.h
gets	char*gets (char*string)	从标准设备上（stdin）读取一个字符串。string 为存放读入串的指针。返回 NULL 时，表示出错	conio.h
getw	int getw (FILE*stream)	从流中取一个二进制的整型数。stream 为流指针。返回所读到的数值（EOF 表示出错）	stdio.h
lseek	long lseek (int handle,long offset,int fromwhere)	移动文件读/写指针。handle 为已打开的文件号。offset 为偏移量（字节数）；fromwhere 为初始位置。返回 –1 时，表示出错	io.h
open	int open (char*pathname,int access[,permiss])	打开一个文件用于读或写。pathname 为文件名；access 为允许操作类型；permiss 为权限。返回所打开的文件序号	io.h
printf	int printf (char*format[,argument])	从标准输出设备（stdout）上格式化输出。format 为格式串，argument 为输出参数	stdio.h
putc	int putc (int ch,FILE*stream)	输出字符到流中。ch 为被输出的字符，stream 为流指针。函数返回被输出的字符	stdio.h
putch	int putch (int ch)	输出一个字符到控制台。ch 为要输出的字符。返回值为 EOF 时，表示出错	conio.h
putchar	int putchar (int ch)	输出一个字符到标准输出设备（stdout）上。ch 为要输出的字符。返回被输出的字符	conio.h
puts	int puts (char*string)	输出一个字符串到标准输出设备（stdout）上。string 为要输出的字符串。返回值为 0 时，表示成功	conio.h
putw	int putw (int w,FILE*stream)	将一个二进制整数写到流的当前位置。w 为被写的二进制整数，stream 为流指针	stdio.h
read	int read (int handle,void*buf,nbyte)	从文件中读。handle：已打开的文件号；buf：存储数据的缓冲区；nbyte：读取的最大字节。返回成功读取的字节数	io.h
remove	int remove (char*filename)	删除一个文件。filename：被删除的文件名；返回 –1 时，表示出错	stdio.h
rename	int rename (char*oldname,char*newname)	改文件名。oldname：旧名；newname：新名。返回值为 0，表示成功	stdio.h

续表

函数名	函数原型	函数功能	头文件
scanf	int scanf (char*format[,argument,…])	从标准输入设备上格式化输入。format：格式串；argument：输入参数项	stdio.h
setmode	int setmode (int handle,unsigned mode)	设置打开文件方式。handle：文件号；mode：打开方式	io.h
sprint	int sprint (char*strint,char*format[,argument,…])	格式输出到字符串 string 中	stdio.h
strerror	char*strerror (int errnum)	返回指向错误信息字符串的指针	stdio.h
ungect	int ungect (char ch,FILE*stream)	把一字符串退回输入流中	stdio.h
ungecth	int ungecth (int ch)	把一个字符退回到键盘缓冲区中	conio.h
vfprintf	int vfprintf (FILE*stream,char*format,va_list param)	送格式化输出到流 stream 中	stdio.h
vfscanf	int vfscanf (FILE*stream,char*format,va_list param)	从流 stream 中进行格式化输入	stdio.h
vprintf	int vprintf (char*format,va_list param)	送格式化输出到标准的输出设备	stdio.h
vscanf	int vscanf (char*format,va_list param)	从标准的输入设备（stdin）进行格式化输入	stdio.h
vsprintf	int vsprintf (char*string,char*format,va_list param)	送格式化输出到字符串 string 中	stdio.h
write	int write (int handle,void*buf,int nbyte)	将缓冲区 buf 的内容写入一个文件中。handle 为已打开的文件；buf 为要写（存）的数据；nbyte 为字节数。返回值为实际所写的字节数	io.h

参 考 文 献

[1] 唐培和，徐奕奕. 计算思维：计算科学导论[M]. 北京：电子工业出版社，2015.

[2] KOCHAN S G. C 语言编程[M]. 张小潘，译. 3 版. 北京：电子工业出版社，2006.

[3] KELLEY A，POHL I. C 语言教程[M]. 徐波，译. 4 版. 北京：机械工业出版社，2007.

[4] BRONSON G J. 标准 C 语言基础教程[M]. 单先余，译. 4 版. 北京：电子工业出版社，2006.

[5] DEITEL H M，DEITEL P J. C 程序设计教程[M]. 薛万鹏，译. 北京：机械工业出版社，2005.

[6] KERNIGHAN B W，RITCHIE D M. C 程序设计语言[M]. 徐宝文，译. 北京：机械工业出版社，2006.

[7] 何钦铭，颜晖. C 语言程序设计[M]. 杭州：浙江科技出版社，2004.

[8] 张引. C 程序设计基础课程设计[M]. 杭州：浙江大学出版社，2007.

[9] STEPHEN P. C Primer Plus[M]. 姜佑，译. 北京：人民邮电出版社，2016.

[10] 谭浩强. C 语言程序设计[M]. 北京：清华大学出版社，2000.

[11] 郑军红. C 语言程序设计基础[M]. 武汉：武汉大学出版社，2011.

[12] 廖雷. C 语言程序设计[M]. 北京：高等教育出版社，2000.

[13] 杨路明. C 语言程序设计教程[M]. 北京：北京邮电大学出版社，2005.

[14] 荣政等. C 语言程序设计[M]. 西安：西安电子科技大学出版社，2006.

[15] 王行言. 计算机程序设计基础[M]. 北京：高等教育出版社，2004.

[16] 黄维通，马力尼. C 语言程序设计[M]. 北京：清华大学出版社，2003.

[17] SAMUEL P H，GUY L S. C 语言参考手册[M]. 邱仲潘，译. 北京：机械工业出版社，2003.

[18] 刘振安. C 语言程序设计[M]. 北京：机械工业出版社，2007.

[19] 吴文虎. 程序设计基础[M]. 北京：清华大学出版社，2004.

[20] 裘宗燕. 从问题到程序-程序设计与 C 语言引论[M]. 北京：机械工业出版社，2005.

[21] 刘振安. C 语言程序设计实训[M]. 北京：清华大学出版社，2002.

[22] BRAIN W K. 程序设计实践[M].裘宗燕，译. 北京：机械工业出版社，2000.

[23] TERRENCE W P，MARVIN V Z. 程序设计语言：设计与实现[M]. 傅育熙，译. 4 版. 北京：电子工业出版社，2001.

[24] 刘志红. C 语言程序设计习题解答与实验指导[M]. 北京：清华大学出版社，2011.

[25] 唐朔飞. 计算机组成原理[M]. 北京：高等教育出版社，2000.

图书资源支持

感谢您一直以来对清华版图书的支持和爱护。为了配合本书的使用，本书提供配套的资源，有需求的读者请扫描下方的“书圈”微信公众号二维码，在图书专区下载，也可以拨打电话或发送电子邮件咨询。

如果您在使用本书的过程中遇到了什么问题，或者有相关图书出版计划，也请您发邮件告诉我们，以便我们更好地为您服务。

我们的联系方式：

地　　址：北京市海淀区双清路学研大厦 A 座 714

邮　　编：100084

电　　话：010-83470236　010-83470237

客服邮箱：2301891038@qq.com

QQ：2301891038（请写明您的单位和姓名）

资源下载：关注公众号“书圈”下载配套资源。

书圈

获取最新书目

观看课程直播